FORSCHUNGSBERICHTE DES LANDES NORDRHEIN-WESTFALEN

Nr. 2527

Herausgegeben im Auftrage des Ministerpräsidenten Heinz Kühn
vom Minister für Wissenschaft und Forschung Johannes Rau

Dr.-Ing. Adolf Funder

Textilforschung Bielefeld e.V.

Die Verarbeitung von aufgeschlossenen und gebleichten Flachsfasern (Leinen) in Mischung mit Chemiefasern

Westdeutscher Verlag 1975

Gesamtherstellung: Westdeutscher Verlag

ISBN-13: 978-3-531-02527-8 e-ISBN-13: 978-3-322-88296-7
DOI: 10.1007/978-3-322-88296-7

Inhalt

1. Einleitung

Gegenüber den Naturfasern Wolle und Baumwolle besitzen die Bastfasern spezielle Eigenarten hinsichtlich ihres Aufbaues und ihrer Verarbeitung. Diese mögen ursprünglich die Gründe dafür gewesen sein, daß Mischungen aus Chemie- und Bastfasern noch kaum bekannt waren, während Mischgarne aus Chemiefasern und Wolle oder Baumwolle schon längst in großen Mengen erfolgreich hergestellt wurden. Doch auch die Impulse, die von den Versuchen der gemeinsamen Verspinnung von Flachs- und Chemiefasern [1,2,3,4,5] in der klassischen Leinenspinnerei (Ende der fünfziger und Anfang der sechziger Jahre) ausgingen, fanden nicht die Wirkung in Form einer mengenmäßig beachtlichen Produktion an Mischerzeugnissen. Erst in den letzten Jahren regte sich verstärkt das Interesse Leinen und Chemiefasern gemeinsam zu verarbeiten.

Die Textilforschung Bielefeld e.V. hat daher eine Arbeit aufgenommen, in der es darauf ankommt, mögliche Wege der gemeinsamen Verarbeitung von Chemiefasern und Flachs (Leinen) aufzuzeigen. In dem Bestreben neue, aktuelle Einsatzgebiete für Bastfasern zu finden, wird auch besonderer Wert auf Herstellungsverfahren gelegt, die außerhalb der klassischen Leinenverarbeitung liegen.

2. Welche Gründe sprechen für eine Mischung

Das Mischen von Rohstoffen ist für den Spinner schon immer von besonderer Bedeutung gewesen und auch bei der Verarbeitung nur einer Faserstoffart ein wichtiger Bestandteil der Fertigung. Für das Mischen gibt es verschiedene Gründe, die sich in folgende Unterteilung einreihen lassen:

1) Eine Kontinuität von gleichbleibender Qualität über einen langen Zeitraum aufrechtzuerhalten. Natur- und herstellungsbedingte Schwankungen in den Eigenschaften der Spinnstoffe gleichen sich durch die Mischung besser aus. Auftretende Unterschiede in einzelnen Mischungskomponenten wirken sich

im Gespinst nicht so qualitätsverändernd aus wie bei ungemischter Verarbeitung des betreffenden Materials.

2) Bessere Spinnfähigkeiten durch Mischen von Fasern verschiedener Feinheit und Länge oder durch Zumischen von Trägerfasern zu erreichen.
3) Kostengünstiger zu produzieren durch Beimischen von preislich vorteilhafteren Faserprovenienzen.
4) Einen bestimmten Garncharakter oder ein bestimmtes Garnaussehen bzw. um einen bestimmten Charakter oder Effekt im Fertigerzeugnis zu erhalten.
5) Vorteilhaftere Eigenschaften im Hinblick auf die spätere Verwendung (höheren Gebrauchswert) zu erzielen.

Alle hier genannten Gründe können für eine Mischung Chemiefaser/Leinen zutreffen, wenn das Leinen der Ausgangspunkt ist. Von der Seite der Chemiefasern aus betrachtet, werden die beiden ersten Punkte nur sehr eingeschränkt gelten können, desto bedeutungsvoller sind jedoch die beiden zuletzt aufgeführten Gründe.

Die Koppelung der physiologisch günstigen Naturfaser Flachs (rasche Feuchtigkeitsadsorption, hohe Saug- und Wärmeleitfähigkeit) mit den vorteilhaften Eigenschaften der verschiedenen Chemiefasern (geringe Knitterempfindlichkeit, gute Scheuerbeständigkeit, Fixierfähigkeit) ergibt viele Möglichkeiten, marktgängige Textilien zu schaffen, die den derzeitigen Ansprüchen hinsichtlich Trage- und Gebrauchseigenschaften sowie modischer Gestaltung (beliebter Leineneffekt) von Oberbekleidung, Heimtextilien und Wäsche genügen, sei es in Form von Geweben oder Maschenwaren.

Wenn die Ziele der textilen Grundlagenforschung auf einen vereinfachten Nenner gebracht werden sollen, so bestehen sie darin, Chemiefasern mit den physiologisch so geschätzten Eigenschaften der Naturfasern zu schaffen und andererseits die Naturfasern so auszurüsten, daß sie die beliebten Gebrauchs- und Pflegeeigenschaften der Chemiefasern erhalten. In der Mischung Chemiefaser/Leinen kommen sich die beiden Ziele schon weit entgegen.

3. Welche Mischungen bieten sich an ?

Die Frage, welche Mischungskomponenten und welche Mischungsanteile opportun sind, muß von dem Fertigartikel und seinem Einsatzgebiet her beantwortet werden. Hier werden unterschiedliche Anforderungen hinsichtlich Herstellung, Aussehen, Eigenschaften, Beanspruchung und Preis gestellt. Auch spielen modische Einflüsse eine nicht zu unterschätzende Rolle. Die Auswahl der Faserstoffe und ihre Zusammenstellung sollte den jeweiligen Erfordernissen des Enderzeugnisses angepaßt werden.

Die Gründe, die schließlich für den Einsatz einer bestimmten Fasermischung maßgebend sind, mögen sehr verschiedenartig sein. Stets sollte jedoch bei der Konstruktion eines textilen Flächengebildes und der Auswahl der Fasermischung gründliche Überlegungen angestellt werden, welche Eigenschaften wünschenswert und realisierbar sind [6]. Wohl immer wird ein Kompromiss geschlossen werden müssen, da alle Wünsche nicht gleichermaßen erfüllt werden können. Es ist daher zweckmäßig, die einzelnen Eigenschaften durch eine Rangfolge zu bewerten, um auf diese Weise zum besten Kompromiss für den Fertigartikel zu kommen. Natürlich sind neben der Fasermischung auch alle anderen Konstruktionselemente und Herstellungsverfahren,die das Endprodukt beeinflussen, bei den Überlegungen zu berücksichtigen.

Auf eine mögliche Eignung von Fasermischungen für bestimmte Artikel oder Einsatzgebiete, auf Vor- und Nachteile kann im Rahmen dieser Arbeit nur begrenzt eingegangen werden. Aus der Sicht der Verarbeitung sind Kombinationen von (Flachs) Leinen mit den verschiedenen Chemiefaserarten möglich. So können Mischgarne aus

Polyester/Leinen	=	PR/LI
Polyacryl/Leinen	=	PY/LI
Polyamid/ Leinen	=	PA/LI
Polynosic/Leinen	=	CM/LI
Polypropylen/Leinen	=	PP/LI

hergestellt werden. Auch ist es möglich, diese Fasertypen in allen Mischungsverhältnissen zusammen mit Leinen zu verspinnen.

3.1. Oberbekleidung

Bereits im Altertum war ein Gewand aus Leinen sehr begehrt. Es galt als vornehm und edel, Kaiser und Könige haben sich in Leinen gekleidet. Über mehrere Jahrtausende gehörten die Flachs-Erzeugnisse zu den wichtigsten Bekleidungsstoffen bis sie nach und nach durch billiger herzustellende Gewebe aus Baumwolle und schließlich aus Chemiefasern weitgehend verdrängt wurden. Lediglich in warmen tropischen und subtropischen Klimazonen ist auch heute noch ein großer Anteil an Leinen im Bekleidungssektor anzutreffen, nicht zuletzt wegen der raschen Feuchtigkeitsadsorption und guten Wärmeleitfähigkeit, in denen der Flachs den anderen Faserarten weit überlegen ist. Neben diesen für eine Bekleidung wichtigen physiologischen Eigenschaften wird die glatte, fuselfreie, typische Oberflächenstruktur sehr geschätzt. Allerdings steht diesen Vorteilen ein entscheidender Nachteil gegenüber, die starke Knitterneigung. Sie ist auch u.a. ein Grund für das nachlassende Interesse des Verbrauchers an Leinen-Bekleidung. Angesichts der heutigen Lebensgewohnheiten ist die leichte Pflege eines Kleidungsstückes von ausschlaggebender Bedeutung. Für den Oberbekleidungssektor sind daher nur solche Erzeugnisse als gebrauchstüchtig anzusehen, die knitterarm sind. So verbleiben zwei Möglichkeiten, Flachs bzw. Leinen als Bekleidung einzusetzen, entweder Leinengewebe knitterarm auszurüsten [7] oder Flachs- bzw. Leinenfasern anderen Faserstoffen, die eine ausgezeichnete Knittererholung besitzen, in einem ausreichenden Maße zuzumischen, so daß das Mischerzeugnis eine befriedigende Knitterstabilität aufweist. Denkbar ist auch eine Kombination der beiden Möglichkeiten, indem ein Mischgewebe mit hohem Leinenanteil noch einer Knitterarm-Ausrüstung unterzogen wird.

Von den Eigenschaften her bringt die Polyesterfaser die besten Voraussetzungen für den Einsatz im Bereich Oberbekleidung mit und wird als ideale Partnerfaser für die Mischung mit Flachs bezeichnet [8] . In der Tat ergänzen sich die Eigenschaften der beiden Fasersorten vortrefflich, so daß ein aus der Mischung hergestelltes Kleidungsstück die gute Formbeständigkeit und rasche Knittererholung des Polyesters mit der ausgezeichneten Wärmeleitfähigkeit und schnellen Feuchtigkeitsaufnahme des Flachses verbindet. Es paart sich die begehrte Pflegeleichtigkeit mit der angenehmen Trageeigenschaft.

Auch die Mischung Polyacryl/Leinen ist für den Oberbekleidungssektor interessant. Bekanntlich lassen sich aus Acrylfasern voluminöse, wollartige Garne spinnen, die u.a. gern für Maschenwaren eingesetzt werden. Auch hier kann durch die Beimischung von Leinen der Tragekomfort gesteigert und das Warenbild belebt werden. Wegen der geringeren Bedeutung des Knitterverhaltens bei Strick- und Wirkwaren kann auch ein höherer Anteil an Leinen genommen werden, ohne eine Knitterarm-Ausrüstung durchführen zu müssen. Dies trifft jedoch nicht nur für Acrylmischgarne sondern auch für Polyestermischgarne zu, wenn sie in der Masche verarbeitet werden. Bezüglich der Knitterrückbildung ist die Polyesterfaser der Acrylfaser überlegen, ein Vorteil, der insbesondere für Gewebe zu berücksichtigen ist, während für Maschenwaren der wollige und bauschige Charakter des Acryls den Ausschlag für die Wahl des Mischungspartners geben kann.

Polyamid/Leinen-Mischungen sind bisher auf dem Markt nicht bekanntgeworden. Für den Bekleidungssektor sind gegenüber einer Polyester/Leinen-Mischung auch keine überzeugenden Verbesserungen zu erwarten; im Gegenteil, bei Artikeln, die starken Beanspruchungen ausgesetzt sind, ist mit einem schnellen Herausscheuern des Flachsanteils zu rechnen, da die außerordentlich scheuerresistente Polyamidfaser ihrerseits die Flachsfaser aufspleißt und zerscheuert. Erscheinungen ähnlicher Art sind bei Polyamid/Wolle (Strümpfe) hinreichend bekannt geworden. Jedoch mag dies kein Grund dafür sein, daß es nicht auch Artikel geben könnte, bei denen Polyamid/Leinen-Mischungen mit überzeugenden Argumenten eingesetzt werden.

Polynosic/Leinen-Mischungen können dagegen vielseitig im Bekleidungsbereich eingesetzt werden. Besonders in der DOB sind "Leinen-Struktur-Stoffe" immer wieder gefragt. Wenn es durch rationellere Spinnverfahren möglich ist, die Preisunterschiede zu den bisher in großen Mengen hergestellten sogenannten Leinenimitaten aus Zellwolle abzubauen, haben Polynosic/Leinen-Mischungen gute Chancen, sich einen Marktanteil an der Damenoberbekleidung zu erobern.

Wenn aus der Sicht der Verarbeitung und Eignung für den Einsatz in den verschiedenen Bereichen der Oberbekleidung auch die mannigfaltigsten Kombinationen von Chemiefasern und Leinen möglich sind, so zeichnen sich bisher im Bekleidungssektor doch einige bevorzugte Zusammensetzungen ab:

Polyester/Leinen 50/50, 65/35 und 80/20
Polyacryl/Leinen 55/45 und 80/20

3.2. Heimtextilien

Im Bereich Heimtextilien, Dekoration, Tisch- und Bettwäsche sind Mischungen von Leinen mit allen genannten Chemiefaserarten denkbar. Bei der Vielzahl der Artikel und Einsatzmöglichkeiten kann im einzelnen nicht auf die besonderen Vor- und Nachteile der verschiedenen Mischungen eingegangen werden. In vielen Fällen dürften auch optische und preisliche Gründe die Wahl der Mischung mitbestimmen. Gerade im Heimtextilienbereich sind die natürlichen Eigenschaften, die wohnliche Note, das rustikale Aussehen sowie nicht zuletzt das Image des Leinens Argumente für den Einsatz von Leinenmischgespinsten. Für Gardinen, Möbelbezugstoffe und Bettwäsche kommt insbesondere PES/Leinen infrage, für Dekorationen und Tischwäsche sind auch Polynosic/Leinen-Mischungen recht geeignet.

Neuerliche Versuche lassen erkennen, daß auch Mischungen aus fibrillierten Polypropylenfasern und Leinen Marktchancen im Heimtextilienbereich, insbesondere für Dekorationen und Tischdecken erhalten können. Die Polypropylen-Spleißfasern, die im Gegensatz zu den bisher bekannteren Bändchen einen textilen Griff vorzuweisen haben, zeigen hinsichtlich ihrer Titerverteilung gewisse Ähnlichkeiten mit den Technischen Flachsfasern, insofern auch hier sehr unregelmäßige Faserfeinheiten vorliegen, die den Fasern ein bastfaserähnliches Aussehen verleihen. Die Möglichkeit, die PP-Fasern auch in relativ kleinen Partien, spinngefärbt in vielen Farbtönen mit hohen Echtheitsansprüchen, wirtschaftlich zu produzieren, dazu das niedrige spezifische Gewicht, eine geringe Schmutzempfindlichkeit und ein gutes Bauschvermögen, machen sie sicher auch für eine Mischung mit Leinen interessant.

3.3. Hemden bzw. Blusen

Für den Hemden- und Blusensektor bieten sich als Gewebe die Mischungen Polyester/Leinen und Polynosic/Leinen an, und zwar weniger für feinfädige Popeline-Ware, deren Herstellung gegenüber entsprechenden Baumwollmischungen erhebliche Preisunterschiede aufweisen würde, sondern vielmehr für grobfädigere Sport- bzw. Freizeitwaren, wobei neben der kühlenden Eigenschaft des Leinens auch auf den "Look" Wert gelegt wird. Zu Strickhemden oder Strickblusen lassen sich sowohl Polyester/Leinen-als auch Polyacryl/Leinen-Mischungen verarbeiten.

3.4. Einsatz weiterer Bastfaserarten anstelle des Leinens

Für die vorbeschriebenen Einsätze kann der Leinenanteil der Mischungen evtl. durch eine andere Bastfaser ausgetauscht werden. Da ist zunächst die Ramiefaser, die nach entsprechender Aufbereitung dem Leinen am nächsten kommt, so daß der Charakter des Mischerzeugnisses in vielen Fällen bei einem Austausch der beiden Faserarten nicht grundlegend geändert wird. Aber auch der Einsatz von Hanf oder Jute, insbesondere im Heimtextilienbereich in ähnlicher Form, ist mit Einschränkungen möglich. Die Verarbeitung von Flachs (Leinen) in Mischung mit Chemiefasern mag daher stellvertretend für weitere Bastfasersorten stehen, wenn natürlich auch von Fall zu Fall spezielle Besonderheiten der Fasern bei ihrer Verarbeitung beachtet werden müssen. Selbstverständlich muß die Verwendung einer anderen Faserart auch von den Anforderungen an das Enderzeugnis gesehen werden, Insofern kann der Flachs nicht ohne weiteres durch eine andere Bastfaser ersetzt werden.

4. Die Aufbereitung der Flachsfasern für die gemeinsame Verspinnung.

Wenn nach dem klassischen Flachs- oder Werg-Spinnverfahren Mischgarne hergestellt werden, so erfolgt die Aufbereitung des Flachsanteils bis zur Strecke in der für die Flachsverspinnung üblichen Weise. Der Strecke werden die rohen Flachsfasern und die Chemiefasern in getrennten Bändern zugeführt und nach mehreren gemeinsamen Streckpassagen wird das Vor(misch)garn auf einer Naßspinnmaschine ausgesponnen. Die Herstellung solcher Mischgarne unterscheidet sich in Bezug auf Maschinen und Verfahren nicht wesentlich von der klassischen Flachs- bzw. Werggarnherstellung. Der Ausfall dieser Mischgarne hat auch entsprechend viel Ähnlichkeit mit Rohflachsgarnen, vom Aussehen und vom Griff her. Sicherlich haben diese Mischgarne ihre zweckmäßigen Einsatzgebiete, aber da in vielen Fällen der Flachsanteil im Garn oder im Stück gebleicht und eingefärbt wird, liegt der Gedanke nahe, die Flachsfaser bereits vor der Verspinnung zu bleichen und ggf. einzufärben. Als Vorteil ergibt sich, daß der mengenmäßig fast stets überwiegende Chemiefaseranteil nicht unnötig einem Bleichprozess ausgesetzt wird und daß die Kosten für eine Faserbleiche entsprechend niedriger als für spätere Garn- oder Stückbleichen gehalten werden können. Der Aufschluß der Flachsfasern vor dem Verspinnen bietet weitere Möglichkeiten, eine gemeinsame Verspinnung mit Chemiefasern auch auf anderen Maschinensystemen vorzunehmen, die normalerweise nicht für Flachs eingesetzt werden. Schließlich führt das frühzeitige Ausscheiden von Verunreinigungen und Faserbegleitsubstanzen zu einer sauberen und angenehmeren Verarbeitung, ein Argument, das angesichts der in den Spinnereien immer knapper werdenden Arbeitskräfte beachtet werden sollte.

4.1. Auswahl und Vorbehandlung des Rohmaterials

Im Hinblick auf das Spinnverfahren und dessen gebräuchliche Faserlänge ist eine Vorauswahl, gegebenenfalls auch eine mechanische Einkürzung des Materials vorzunehmen, wenn die Flachsfasern für das vorgesehene Verarbeitungsverfahren zu lang sind. Der Flachs kann als Faserflocke, Kardenband (bei "Kurzfaser"-Systemen) oder Kammzug (bei "Langfaser"-Systemen) zur Mischverarbeitung eingesetzt werden.

Auch für die Herstellung eines Kammzuges wird zweckmäßig auf überlange Fasern verzichtet, um bei der späteren Auflockerung der Fasern vor dem Trocknen Störungen im Kastenspeiser zu vermeiden. Wenn ein "Kurzfaser"-Spinnverfahren gewählt wird, ist ein Zerreißen oder Schneiden des Flachses unvermeidlich. Sicherlich ist hier das erstere, wie es beispielsweise von der Firma Horak GmbH, Freden/Leine, durchgeführt wird, dem zweiten vorzuziehen. Aber auch ein Zerschneiden auf geeigneten Schneidemaschinen ist möglich, auf der die Schnittlänge vorgegeben werden kann, jedoch ist dann ein nachfolgendes Auflösen der Fasern auf einem Öffner anzuraten. Grundsätzlich ist festzuhalten, daß eine Wirrlage der Fasern besser für den Aufschluß- und Bleichprozess ist als eine Parallellage. Die wirre Faserlage begünstigt ein gleichmäßiges Durchströmen der Bleichflotte während sich bei parallelen Faseransammlungen Präverenzkanäle bilden, die dazu führen, daß das Material nicht durchgebleicht wird. Daher müssen auch die losen Fasern in die Materialträger der Bleichkessel in gleichmäßigen Packlagen eingestampft werden. Hierbei hat sich die Zugabe von heißem Wasser während des Einstampfens als geeignet erwiesen. Zu beachten ist auch, daß eine günstige Packungsdichte (Fasermaterial/Rauminhalt) eingehalten wird. Zu dichte Packungen erschweren den Flottendurchgang (Pumpe), zu lose Packungen begünstigen eine ungleichmäßige Flottendurchströmung und damit einen ungleichmäßigen Bleichausfall. Als Anhalt sei eine Packungsdichte von ca. 250 kg/m^3 angegeben.

4.2. Aufschluß- und Bleichbehandlungen

Die eigentlichen Faseraufschluß- und Bleichbehandlungen unterscheiden sich nicht wesentlich von einer Vorganr- oder Garnbleiche [9]. Der Prozess wird eingeleitet mit einem Abkochen des Materials, wenn Natriumchlorit als Bleichmittel verwendet wird. Auf das Abkochen kann verzichtet werden, wenn eine Chlordioxid-Anlage zum Bleichen zur Verfügung steht. Dann wird mit dem Säuern (ein Bad mit Salzsäure und Netzmittel) begonnen. Es folgt das Hauptbleichbad mit Chlordioxid oder Natriumchlorit; an das sich ein Peroxidbad anschließt. Sollte der Bleichgrad bei Verwendung von Natriumchlorit nicht ausreichen, kann nach dem Abkochen noch ein Bad mit alkalisch Chlor (Natriumhypochlorit) zwischengeschaltet werden.

Die Bleichbadkonzentrationen sind abhängig vom Fasermaterial, von dem gewünschten Bleichgrad und von der erstrebten Faseraufteilung. Langfasern verlangen höhere Konzentrationen als mechanisch vorgereinigte Kurzfasern. Eine höhere Konzentration bewirkt in der Regel eine weitere Faseraufteilung (höhere Faserfeinheit). Natürlich sind reichliche Erfahrungen notwendig, um für ein bestimmtes Fasermaterial die günstigsten Konzentrationen einzusetzen. Da das Angebot an Rohmaterial je nach Sorte, Herkunft und Röste recht unterschiedlich ist, werden an die Erfahrungen und an das Geschick des Bleichers hohe Anforderungen gestellt, wenn vom Garn und vom Spinnmaschinensystem her bestimmte Voraussetzungen an die Faserlänge und Faserfeinheit erfüllt werden müssen. Sicherlich ist es kaum möglich, auf Anhieb "Fasern nach Maß" zu erhalten, aber durch ein Zusammenspiel von Rohmaterialauswahl, mechanischer Aufbereitung und Bleichbehandlungen lassen sich die Faserabmessungen hinreichend beeinflussen.

4.3. Einfärben

Falls vom Fertigartikel her eine Einfärbung des Flachsanteils vorgesehen ist, so kann das Färben unmittelbar im Anschluß an den Bleichprozess ohne Zwischentrocknung erfolgen. Entsprechend der verlangten Farbtiefe kann die Vorbleiche reduziert werden, ein Bleichgrad von 1/2-weiß ist in vielen Fällen (auch zur Erreichung guter Lichtechtheiten) ausreichend. Bei mittleren und kräftigen Farbtönen genügt eine Peroxid-Vorbleiche vor dem Färbeprozess. Allerdings werden die natürlichen Verunreinigungen des Flachses nicht soweit entfernt wie bei einer Vollbleiche.

Beliebt ist bei Leinenmischerzeugnissen auch immer wieder die Rohfarbe des Flachses, die bekanntlich nicht beständig ist und durch Wasch- oder sonstige Pflegebehandlungen stark aufgehellt wird. Um den Farbton des Flachsanteils jedoch dauerhaft zu erhalten, kann der Flachs auf den gewünschten, mit den erforderlichen Farbechtheiten ausgestatteten "Rohton" in der Flocke eingefärbt werden. Hierzu sind 12 verschiedene Versuchseinfärbungen mit unterschiedlichen Behandlungen durchgeführt worden. Ohne auf alle Rezepteinzelheiten einzugehen, soll doch vermerkt werden, daß die besten und gleichmäßigsten Ausfälle jeweils dann erzielt wurden, wenn die Flocke mit einer höheren Konzentration Natronlauge und Hydrosulfit (20 ccm/l statt 8 ccm/l Natronlauge und 5 g/l statt 3 g/l Hydrosulfit) behandelt worden war.

4.4. Nachbehandlung

Eine Nachbehandlung mit anionaktiven oder kationaktiven Hilfsmitteln trägt keineswegs immer zu einer besseren Verspinnbarkeit bei. Wegen der verschiedenartigen Verspinnungsmethoden konnten die Einflüsse einer Nachavivierung im Rahmen dieser Arbeit nicht konsequent verfolgt werden. Es hat sich jedoch gezeigt, daß leichte Alkalibehandlungen (2o ml NaOH/l Flotte, Temperatur 4o-6o^{o}C) stets wesentlich bessere Laufeigenschaften der Fasern auf den verschiedenen Trocken-Spinnmaschinen zur Folge hatten. Eine eventl Nachavivierung sollte aber von Fall zu Fall erprobt werden.

Wie bereits erwähnt, ergibt sich durch den Faseraufschluß in der Flocke die Auswahl, die Chemiefaser/Leinen-Mischgarne nach mehreren Spinnverfahren herzustellen. Natürlich werden Charakter und Eigenschaften der Gespinste von dem jeweiligen Verfahren geprägt, so daß vom Fertigartikel her die Herstellungsverfahren nicht einfach gegeneinander ausgetauscht werden können. Bei der Neukonstruktion von textilen Flächengebilden sollten jedoch Überlegungen angestellt werden, wie dieses breitere Angebot an Mischgarnen einmal für eine variantenreiche Artikelgestaltung genutzt und zum anderen am rationellsten eingesetzt werden kann. Ohne im Rahmen dieser Arbeit im einzelnen darauf eingehen zu können, ist anhand der Verarbeitungspassagen und -geschwindigkeiten bereits ersichtlich, daß sich die Mischgarne außer in ihren Eigenschaften auch in ihren Herstellungskosten unterscheiden.

Nachfolgend wird über Versuche berichtet, Mischgarne nach dem Drei-Zylinder-, Halbkammgarn-, Flachs- und Kammgarnspinnverfahren herzustellen. Das schließt nicht aus, daß noch weitere Verfahren (z.B. Streichgarn-, Schappe- etc.) zum Spinnen von Chemiefaser/Leinen-Mischgarnen geeignet sind. Hier sollte auch ausdrücklich das TNO-Drehungslos-Spinnverfahren genannt werden, mit dem das Vezelinstitut TNO, Delft/Holland, umfangreiche Versuchsarbeiten mit Leinen/Polyester-Mischungen durchgeführt hat. Neben den hergestellten Erzeugnissen imponiert die hohe Maschinenleistung (Abliefergeschwindigkeit) der Drehungslos-Spinnmaschine. Als weitere Möglichkeit sollte das Verspinnen von kurzen Flachsfasern mit verschiedenen anderen Faserarten auf OE-Rotor-Spinnmaschinen beachtet werden. Da die Erfahrungen noch recht spärlich sind, auf diesem Gebiet, wird eine Beurteilung späteren Aufgaben vorbehalten bleiben. Sicherlich wird jede Produktion auf andere Voraussetzungen aufgebaut werden müssen. Auf die Berichterstattung eingehender Einzelheiten wird darum auch weitgehend verzichtet.

Das Beimischen des Leinenanteils kann entweder als Flocke im Mischbett, Mischwolf oder Öffner bzw. in sonstigen Anlagen zum Mischen und Öffnen (Dreizylinder- und Halbkammgarnsystem) oder als Kammzug auf der Strecke (Flachs- und Kammgarnsystem) erfolgen.

5.1. Beimischen der Flocke

Das Beimischen des Leinenanteils in der Flocke hat den Vorteil einer schnellen und gleichmäßigeren Durchmischung. Damit verbunden sind bessere Laufeigenschaften der Mischbänder in den nachfolgenden Verarbeitungsstufen (Strecken, Vor- und Feinspinnmaschine) als wenn die Faserstoffe zunächst getrennt kardiert bzw. gekrempelt und dann als Faserbänder erst auf der Strecke gemischt werden.

Sehr gute Durchmischungen werden durch Mischkammern mit pneumatischer Förderung erzielt, oder wenn vor der Kastenspeisung ein mehrlagiges Mischbett angelegt wird, aus dem die Speisung erfolgt die Durchmischung ist aber auch noch zufriedenstellend, wenn die getrennte Speisung der Faserstoffe annähernd kontinuierlich im vorgesehenen Mischungsverhältnis gewährleistet wird.

Die Aufbereitung der Flachs- oder Leinenfasern wird, wie in Abschnitt 4 geschildert, vorgenommen, wobei bei Materialauswahl- und -behandlung auf die für das Spinnverfahren (Drei-Zylinder oder Halbkammgarn) geeigneten Faserlängen zu achten ist. Da die Leinen-Flocken infolge Naßbehandlung, Trocknen und Ballen-Pressung oft in Bündeln zusammenhaften, führt ein Auflockern der Faserflocke auf einem Voröffner oder Krempelwolf zu einer noch intensiveren Durchmischung und zu einem schonenderen Kardieren bzw. Krempeln.

5.1.1. Drei-Zylinder-Baumwoll-Spinnverfahren

Für die Mischverspinnung können praktisch die Verarbeitungssysteme der Drei-Zylinder-Spinnerei in den Einstellungen verwendet werden, wie sie für die betreffenden Chemiefasern bzw. deren Mischung mit Baumwolle üblich ist. Selbstverständlich wird die eine oder andere Einstellungskorrektur notwendig werden, aber dies ist von Fall zu Fall je nach Maschinenart, Fasermaterial und Mischungsverhältnis verschieden. Grundsätzlich kann zunächst von den Erfahrungswerten der Chemiefasermischverspinnung mit Baumwolle ausgegangen werden. Optimale Bedingungen können nur schrittweise durch Erfahrungen und Erprobungen gewonnen werden.

Es gibt mancherlei Anlagen zum Öffnen, Reinigen und Mischen von Chemiefasern und Baumwolle mit Wiegespeisern und Schlagmaschinen, mit pneumatischem Flockentransport oder Wickelablieferung. Ohne sie alle bisher in Verarbeitungsversuchen mit gebleichter Leinenflocke eingesetzt zu haben, zeigen doch die bisher gemachten Erfahrungen, daß diese Anlagen auch für Leinen-Mischungen mit befriedigenden Ergebnissen verwendet werden können. Auch die gemeinsame Kardierung kann ebenso auf einer modernen Hochleistungskarde wie auf einer Normalkarde älterer Bauart vorgenommen werden. Dabei kann bisher über die Vor- und Nachteile oder über besondere Auswirkungen der verschiedenen Verarbeitungsmaschinen auf das Mischerzeugnis keine Aussage gemacht werden. Hier müssen auch erst von Fall zu Fall Erfahrungen gesammelt werden.

Die Versuchsverarbeitung erfolgte mit einer aus einem taugerösteten Hechelwerg vorbereiteten Flocke, die gebleicht und anschließend wieder in einen "Flachsrohton" eingefärbt worden war, nach dem Schema der Abb. 1. Da beim Öffnen und Kardieren eine Aufteilung der "Technischen Fasern" vorsichgeht, wurde die Länge und Feinheit der Leinen-Flocke (vergl. Stapelschaubild Abb. 2) zunächst wesentlich über den entsprechenden Daten der DIOLEN-Faser (60 mm/3,3 dtex) gehalten, die für diese Mischverspinnung eingesetzt wurden.

Der Öffnungsgrad der Fasern bei der Wickelablieferung des Öffnerzuges ist nach zwei Schlagpassagen ausreichend, zumal wenn eine Krempelwolfpassage die Flocke vorgeöffnet hat. Die Voröffnung kann aber auch entfallen, wenn anstelle des Mischbetts eine Mischanlage verwendet wird, die ihrerseits zum Öffnen der Flocke beiträgt. Der Wickelaufbau und die Faserhaftung sind zufriedenstellend für einen einwandfreien Wickelablauf. Das Polyester/Leinen-Fasermaterial lief störungsfrei über die Karde. Der Vliesausfall ist gut und ohne Noppen. Der Faserflug am Kardenein- und -auslauf bleibt in Grenzen, ebenfalls der Anfall an Deckelstrips, an beiden scheinen verhältnismäßig mehr Leinen- als Polyesterfasern beteiligt zu sein. Das Laufverhalten auf den Strecken mit einer Ablieferungsgeschwindigkeit von ca. 160 m/min ist ausgesprochen gut, keine Ablagerungen auf den Druckzylindern, keine Wickelbildungen, lediglich ein leicht erhöhter Faserflug ist zu bemerken. Auch am Flyer treten keine Störungen auf, die Putzwalzen werden mehr mit Kurzfasern belegt, auf eine regelmäßige Reinigung ist zu achten. Das Ausspinnen auf der Ringspinnmaschine führt ebenfalls zu keinen besonderen Schwierigkeiten.

Anstelle von Öffnerzug und Baumwollkarde wurde als Versuchsvariante auch eine Kammgarn-Krempel in die Verarbeitungsfolge eingeschaltet. Die Speisung der Krempel erfolgt also direkt aus dem Mischbett. Das Krempelvlies fällt nicht so gleichmäßig aus wie das Kardenvlies, eine leichte Wolkigkeit ist zu beobachten. Nur vereinzelt treten Noppen auf. Die Weiterverarbeitung auf Strecken, Flyer- und Ringspinnmaschinen entspricht jedoch weitgehend dem kardierten Material. Lediglich auf der Ringspinnmaschine treten vereinzelte "Kracher" durch zu lange Fasern auf.

Gegenüber der Verarbeitung mit Öffnerzug und Baumwollkarde kürzt die Kammgarnkrempel das Flachsmaterial weniger ein, wie aus Stapelvergleichsmessungen hervorgeht. Der Anteil an Technischen Fasern über 60 mm wird für die Verarbeitung nach dem 3-Zylinder-Spinnverfahren nicht genug eingekürzt. Bei der Krempelverarbeitung sollten daher möglichst überlange Fasern (>80 mm) vermieden werden.

Das Mischungsverhältnis bzw. die Höhe des Leinenanteils ist nicht entscheidend für die Verarbeitungseigenschaften (Laufverhalten), wenn auch mit höherem Leinenanteil eher mit Anpassungsschwierigkeiten (günstige Maschineneinstellung, geeignete Druckwalzenbezüge, richtige Ringläufer etc.) gerechnet werden muß. Auch hinsichtlich der Sauberkeit (Putzorgane, Absaugung) ist mehr Aufmerksamkeit geboten, da sich erhöhte Ablagerungen einstellen können. Die Mischung 80/20 DIOLEN/Leinen und die Mischung 65/35 DIOLEN/Leinen wurden auf den beschriebenen Systemen einwandfrei ohne besondere Schwierigkeiten verarbeitet. Bei einer weiteren Gelegenheit ergab sich eine Ausspinnung einer Mischung 50/50 DIOLEN/Leinen in ähnlicher Weise. Wenn diese Ausspinnung wegen der ungleichen Provenienz des Fasermaterials auch nicht exakt mit den vorgenannten vergleichbar ist, so zeigt sie doch in einem gewissen Ausmaß den Einfluß des Mischungsverhältnisses und ist daher in die Ergebnistabelle mit aufgenommen.

Gegenüber der Verarbeitung von Mischungen mit Rohflachs (Flocken bast) ist das Laufverhalten der Mischungen mit den aufbereiteten Flachsfasern in der gesamten Fertigung wesentlich besser: Nur wenig Faserflug und Staub, keine Ablagerungen und Verklebungen an den Zylinderbezügen, keine Wickelbildungen.

5.1.2. Halb-Kammgarn-Spinnverfahren

Für das Beimischen von Leinen-Flocke und das Verspinnen von Chemiefaser/Leinen-Mischgarnen eignet sich auch ein Halb-Kammgarn-System. Bei den Versuchsverarbeitungen wurden u.a. nach der schematischen Darstellung in Abb. 3 gute Ergebnisse erzielt. DIOLEN 21, 3,3 dtex/75 mm in Flockenaufmachung und eine speziell vorbereitete Leinen-Flocke (gebleicht und laugiert) aus Flachswerg wurden nach dem Mischbett gemeinsam gekrempelt. Die Länge und Feinheit der "Technischen Leinenfaser" ist gegenüber der eingesetzten Chemiefaser zunächst relativ hoch (vergleiche Stapelschaubild Abb. 4). Nach den einzelnen Verarbeitungsstufen jedoch gleicht sich die Leinenfaser infolge ihrer Aufteilung den Abmessungen der Chemiefasern mehr an bzw. sie unterschreitet sie noch. Wenn der Krempel längeres Leinenmaterial vorgegeben wird, ergeben sich keine Nachteile für den Krempelprozess, sofern die Flocke gut aufgelockert ist, für die anschließende Weiterverarbeitung auf dem Kammgarnsystem macht es sich aber durch bessere Laufverhältnisse (gleichmäßigeres Stapelbild, geringerer Kurzfaseranteil) bemerkbar. Bezüglich der Maschineneinstellungen ist es ratsam, zunächst von den Erfahrungswerten der Chemiefaserverarbeitung bzw. der Mischverarbeitung mit Wolle auszugehen. Natürlich ist es nicht möglich, während einer Versuchsverarbeitung stets die optimalen Bedingungen zu schaffen. Sie können erst nach und nach herausgefunden werden. Deshalb wird auch hier auf die Wiedergabe spezieller Einstellungsänderungen, die lediglich mit der Versuchsdurchführung unter den vorhandenen Gegebenheiten zusammenhängen und keine allgemeine Bedeutung haben, verzichtet.

Es wurde auch der Versuch unternommen, das gebleichte Flachsmaterial ungemischt, also zu 100 %, auf der Kammgarn-Krempel zu verarbeiten, um dann "im Band auf der 1. Strecke" mischen zu können. Die Auflösung auf der Krempel verläuft zwar noch zufriedenstellend, die Bandhaftung ist jedoch nicht mehr ausreichend für eine störungsfreie Weiterverarbeitung auf den Strecken. Inwieweit durch die Vorgabe eines längeren Fasermaterials eine bessere, ausreichende Bandhaftung erzielbar ist, konnte im Rahmen dieser Arbeit nicht geklärt werden.

5.2. Beimischen als Kammzug

Für eine Mischverspinnung auf einem Flachswerg- oder auf einem Kammgarnsystem ist zunächst eine separate Herstellung eines Leinen-Kammzuges erforderlich. Dazu wird die gebleichte Flocke kardiert, verstreckt, gekämmt und wieder verstreckt (vergl. Abb. 5). Als Maschinen kommen Karden, Strecken und Kämmaschinen infrage, die üblicherweise für die Verarbeitung von Flachswerg im Rohzustand eingesetzt werden. Andere Herstellungsarten sind denkbar aber u.W. bisher nicht ausprobiert.

Zu den Versuchsarbeiten war das Ausgangsmaterial ein taugeröstetes Hechelwerg ägyptischer Herkunft. Für die "Technischen Fasern" wurde der Häufigkeitsstapel durch Einzelfasermessung bestimmt. Das Stapeldiagramm ist in der Abb. 6 dargestellt. Die mittlere Länge nach der Faseranzahl l_h beträgt 249 mm, der Variationskoeffizient nach der Faseranzahl V_h ist 34 %. Als mittlere Feinheit der "Technischen Fasern" ergab sich ein Wert von 4,52 tex (Nm 221, Ne_1 365).

Dieses Material wurde zu mehreren Bleichpartien aufgeteilt und in Bleichbädern unterschiedlicher Konzentration behandelt. Es zeigt sich, daß durch die Intensität der Bleichbehandlung die Faserlänge und Faserfeinheit der gebleichten Flocke in relativ weiten Grenzen beeinflußt werden kann. So unterscheiden sich beispielsweise die mittleren Stapellängen zweier Versuchspartien um ca. 42 mm, Versuch A (Abb. 7): 198 mm, Einkürzung gegenüber der Ausgangslänge von 249 mm um 51 mm oder ca. 20 %, Versuch B (Abb. 8): 156 mm, Einkürzung gegenüber der Ausgangslänge von 249 mm um 93 mm oder ca. 37 %. Das Fasermaterial wurde somit durch die Bleiche B fast doppelt so stark eingekürzt wie durch die Bleichbehandlung A. Dabei wurde keineswegs an die Grenze des Möglichen gegangen, denn wie die gemessenen Werte für den Durchschnittspolymerisationsgrad DP-Versuch A: DP 2280, Versuch B: DP 2010 - beweisen, ist eine bedenkliche chemische Schädigung des eingekürzten Fasermaterials nicht eingetreten. Beide Werte lassen auf eine sehr schonende Behandlung schließen.

Mit der Einkürzung, die ja durch eine Aufteilung der "Technischen Fasern" hervorgerufen wird, geht auch eine Verfeinerung des Fasermaterials einher. Die mittlere Faserfeinheit veränderte sich von 5,26 tex (Ausgangsmaterial) auf 4,69 tex nach der Bleiche A bzw. auf 4,15 tex nach der Bleiche B. Einkürzung und Verfeinerung sind auf die Fasern ziemlich gleichmäßig verteilt, was aus den Stapeldiagrammen und den etwa gleichen Variationskoeffizienten hervorgeht.

Die gebleichte Flocke wird zweckmäßig nach dem Trocknen mit einem Öffner aufgelockert und dann einer Flachswergkarde zur Kardierung und Bandbildung zugeführt. Die Weiterverarbeitung des Kardenbandes, das Strecken und Kämmen kann ähnlich erfolgen wie bei Kardenbändern aus Rohwerg, wobei die Maschineneinstellungen dem Material je nach Maschinenpark gegebenenfalls angepaßt werden müssen. Vor und nach dem Kämmprozess sollte wenigstens eine Streckpassage durchgeführt werden.

Die Kardierung, das Strecken und Kämmen ruft auch bei dem gebleichten Fasermaterial eine weitere Verkürzung und Verfeinerung der "Technischen Fasern" hervor, die einmal abhängig ist von der Aufteilungsbereitschaft der Fasern (Provenienz, Wachstumseinflüsse, Vorgeschichte) und zum anderen von den Maschinen (Benadelung) und ihren Einstellungen (Verzugshöhe). Als Beispiel sind die Stapeldiagramme des Kardenbandes, Abb. 9, und des Streckenbandes nach dem Kämmen (Kammzug) Abb. 10, für den Versuch B angegeben. Gegenüber dem Ausgangsmaterial ist die durchschnittliche Faserlänge des Kardenbandes um ca. 43 %, diejenige des Streckenbandes um ca. 45 % kürzer, obwohl die Kurzfasern ausgekämmt sind. Die mittlere Faserfeinheit des Kardenbandes ging auf 3,62 tex zurück. Bei dem Streckenband wurde mit 4,06 tex wieder ein gröberer Wert gemessen, hier macht sich das Auskämmen der kurzen, feinen Fasern noch bemerkbar.

Die "Technischen Fasern" des "Leinenkammzuges" unterscheiden sich also in ihren Abmessungen wesentlich von dem Ausgangs-Rohmaterial, eine feste Relation kann wegen der verschiedenartigen Einflüsse nicht gegeben werden, jedoch ist es im Rahmen einer Produktion möglich, durch geeignete Materialauswahl und -behandlung die Abmessungen der Kammzug-Fasern zu "steuern".

5.2.1. Flachs - Spinnverfahren

In der klassischen Flachsspinnerei gibt es bekanntlich zwei Verarbeitungssysteme. Der beim Schwingen und Hecheln anfallende

Schwing- bzw. Hechelflachs wird auf Langflachsmaschinen, das Schwingwerg und das Hechelwerg, die ebenfalls bei den genannten Verarbeitungsgängen anfallen, werden auf Wergsystemen versponnen. Die Unterschiede zwischen Schwing- bzw. Hechelflachs und Schwing- bzw. Hechelwerg liegen insbesondere in der Faserlänge der "Technischen Fasern" und in ihrer Anordnung. Während die Flachs-Fasern lang und bereits weitgehend parallel orientiert in den "Handvollen" sind, liegen die kürzeren Werg-Fasern in einem wirren, flockenartigen Zustand vor. Längenangaben "lang" oder "kurz" sind in diesem Zusammenhang nur relativ betrachtet richtig, denn das manchmal mit Kurzflachs bezeichnete Werg weist Faserlängen bis zu 300 mm auf und ist im Vergleich zum Langflachs mit einer Länge bis zu 700 mm zwar kurz, gegenüber den Schnittlängen der Chemiefasern (bis 150 mm) jedoch sind die Wergfasern im Ausgangsstadium zum Teil erheblich länger. Der verschiedene Ausfall hinsichtlich Faserlänge und Faseranordnung erfordert separate Verarbeitungswege für Langflachs und Werg. Während der erste mit einem Anlegen der Handvollen auf einer Anlegemaschine ('Spreader) eingeleitet wird, beginnt der zweite mit dem Kardieren. Die weitere Verarbeitung kann hinsichtlich der Arbeitsgänge als über - einstimmend bezeichnet werden, abgesehen von dem Kammprozess, der bei der Wergverarbeitung in den letzten Jahren zur Qualitätsverbesserung üblicherweise eingeschaltet wird. Hinsichtlich der Maschinen bleiben die Wege auch weiter getrennt, da wegen des Faserlängenunterschiedes andere Streckfeldweiten sowie andere Benadelungen eingesetzt werden. Auch liegt die Passagenzahl (Anzahl der Dopplungen) bei Langflachs in der Regel höher als bei Werg, da höhere Anforderungen an die Gleichmäßigkeit gestellt werden.

Soweit Rohflachs als Mischungspartner für Chemiefasern gewählt wird, kann die Mischverspinnung entweder auf einem Langflachs- oder auf einem Wergsystem vorgenommen werden, je nachdem ob Langflachs oder Werg eingesetzt werden soll. Die Mischung (Zugabe des Chemiefaseranteils in Bandform) kann beim Langflachssystem bereits nach der Anlege, beim Wergsystem jedoch erst nach dem Kämmprozess erfolgen. Versuche, beide Mischungspartner bereits gemeinsam auf einer Wergkarde zu kardieren, hatten bisher keine befriedigenden Ergebnisse.

Wenn der Flachs bereits im aufgeschlossenen und gebleichten Zustand in Mischung mit einer Chemiefaser verarbeitet werden soll, so ist z.Zt. nur der Weg über einen "Kammzug" möglich, da das Bleichen von Langflachsbändern bisher maschinen- und verfahrenstechnisch nicht ausgereift ist. Wie bereits oben beschrieben, sind für die Herstellung des Kammzuges Maschinen des Wergsystems erforderlich (Karde, Strecke, Kämmaschine).

Inwieweit der gebleichte Leinenkammzug dann auch als Mischungspartner auf einem Langflachssystem weiterverarbeitet werden kann, konnte innerhalb unserer Versuchsverarbeitungen, die sich innerhalb der Flachsspinnerei auf das Wergsystem konzentrierten, nicht ermittelt werden. Sicherlich wird eine Weiterverarbeitung auf einem Langflachssystem wegen des Mißverhältnisses von Streckfeldweite und Faserlänge problematisch, jedoch aufgrund früherer mit Zellwolle gemachten Erfahrungen, für möglich gehalten.

Die Versuchsverarbeitung erfolgte auf einem Wergsystem (vergl. Abb.11). Der separat vorbereitete "Leinen-Kammzug" wurde zunächst auf einer Mischstrecke mit den Chemiefaserkomponenten gemischt. Dabei entsprechen die Ansatzgewichte den Mischungsverhältnissen. Dann wurde die für Flachswerg übliche Verarbeitungsfolge einbehalten. Zum Einsatz kamen hier VESTAN 21* jeweils als Convertorzug 3,3 dtex/88 weiß glzd.

Beim Anlegen der Bänder auf der Mischstrecke ist darauf zu achten, durch wechselweise Bandvorlage von Chemiefaser und Leinenband eine günstige Ausgangsbasis für die Durchmischung zu schaffen. Bei einer 50/50 Mischung werden zweckmäßig von jeder Komponenten 1 Band zusammen über die Leitorgane geführt, bei einer Mischung von 67/33 ist jeweils ein Leinenband zwischen zwei Chemiefaserbänder zu nehmen. Die drei Bänder werden dann gemeinsam dem Einlieferzylinder der Strecke zugeführt. Dadurch wird das Voreilen einer Faserart, das infolge der unterschiedlichen Oberflächenbeschaffenheit und Dehnungseigenschaften, insbesondere bei hohen Liefergeschwindigkeiten auftreten kann, soweit vermieden, daß es sich nicht mehr störend auf die Weiterverarbeitung ausdrückt. Gerade auf den ersten gemeinsamen Verarbeitungsprozess ist die größte Aufmerksamkeit zu legen. Hier traten bei den Ver-

---

* 16 und 21

suchen zunächst Schwierigkeiten in Form von Stauungen und Wikkelbildungen auf, die aber durch Änderungen an den Bandeinläufen (Spannungsausgleich) beseitigt werden konnten. Besondere Laufschwierigkeiten traten dann auf den Streckpassagen und der Vorspinnmaschine nicht mehr auf. Die Durchmischung ging nur zögernd vonstatten. Erst nach der Passage der Schrauben-Gill-Strekke waren die beiden Faserarten einigermaßen gleichmäßig durchmischt, wobei aber immer noch zusammenhängende Fasergruppen der gleichen Art auftraten.

Das Ausspinnen auf der Naßspinnmaschine erfolgte zunächst mit einem konventionellen Zwei-Zylinder-Streckwerk (Mackie) unter den üblichen Bedingungen der Werg-Feinspinnerei. Die Laufverhältnisse während einer kurzen Erprobungszeit (1. Abzug) waren sehr gut.

Neben dieser kurzen Erprobung wurde das klassische Verfahren mit zwei neuartigen Streckwerken abgewandelt, die von der Manufacture Alsacienne de Broches (MAB) bzw. James Mackie Ltd. für das Verspinnen von gebleichter Flachslunte (Vorgarn) zu "vor- oder spinngebleichten Garnen" entwickelt worden sind. Durch ein Doppelriemchenaggregat werden auch die durch das Bleichen eingekürzten Technischen Fasern in der Verzugszone kontrolliert, so daß höhere Verzüge (10-20-fach), unter bestimmten Voraussetzungen noch darüber, möglich sind.

Nach anfänglichen Schwierigkeiten, die auf eine zu hohe Drehung des Vorgarns zurückzuführen waren, konnten auf beiden Streckwerken befriedigende Laufverhältnisse und ein guter Garnausfall erzielt werden. Das Vorgarn darf wegen der verhältnismäßig langen Chemiefasern, die sich im Wasserbad ja nicht aufteilen, nur schwach gedreht werden (α m $\leq$ 20), da sonst zu hohe Verzugskräfte erforderlich sind.

5.2.2. Kammgarn-Spinnverfahren

Mit Kammgarn-Verfahren wurde ursprünglich die klassische Wollverarbeitung bezeichnet, bei der alle kurzen Fasern durch einen Kämmprozeß ausgeschieden und die längeren Wollhaare nach mehrmaligen Streckpassagen zu einem glatten, gleichmäßigen, verhältnismäßig mageren Garn versponnen wurden. In der Regel ist heute die Kämmerei von der Spinnerei getrennt. Der Kammzug, das Endprodukt der Kämmerei, bildet das Ausgangsmaterial für die Kammgarnspinnerei. Neben den Kammzügen aus Wolle werden bekanntlich auch Chemiefasern, in ihrer Faserlängenverteilung auf die Wolle abgestimmt, durch eine Längenmischung in der Kammzugherstellung oder nach einem Konvertierverfahren; auf Kammgarn-Systemen weiterverarbeitet. In der Hauptsache geschieht dies in Fasermischungen wie z.B. Polyester/Wolle, Polyester/Polyacrylnitril/Viskose oder Wolle/Viskose. In den einzelnen Spinnereien sind zum Teil unterschiedliche Verfahren bzw. unterschiedliche Maschinenzusammenstellungen anzutreffen. Die bei der Versuchsdurchführung verwendete Maschinenfolge (Abb. 12) kann aber sicherlich auch stellvertretend für andere Kombinationen gelten, wobei sich natürlich gewisse Änderungen im Spinnplan und im Ausfall der Garne ergeben können. Dasselbe gilt ebenfalls für die getroffene Auswahl der Mischungskomponente und der Garnfeinheiten. Sie kann nur Beispiele für mannigfältige Möglichkeiten darstellen.

In den Versuchsverspinnungen in der Kammgarnspinnerei wurden zwei verschiedene Flachs- bzw. Leinenkammzüge eingesetzt. Der Unterschied besteht jedoch nicht im Ausgangsmaterial, für das einheitlich angeröstetes Hechelwerg ägyptischer Herkunft gewählt wurde, sondern in einer verschieden intensiven Aufschließung der "Technischen Fasern". In getrennten Behandlungen, über die unter Abschnitt 5.2. bereits berichtet worden ist, sind zwei Kammzug-Partien so vorbereitet worden, daß bei der einen Partie die Bündelfasern so wenig wie möglich - "grobe Aufteilung" - und bei der anderen Partie die Bündelfasern verhältnismäßig weit aufgeteilt werden - "feine Aufteilung" -. Damit war ein Vergleich zwischen stark unterschiedlich aufgeschlossenen Flachsfasern gleicher Herkunft möglich, die jeweils mit DIOLEN-Converter-Bändern der Faserfeinheiten 4,4 dtex und 3,3 dtex in abgestuften Mischungsverhältnissen verarbeitet wurden. So konnten sowohl grobe Flachsfasern mit den gröberen Polyesterfasern ebenso wie feine Flachsfasern mit den feineren Polyesterfasern kombiniert werden, als auch grobe Flachsfasern mit den feineren Polyesterfasern oder umgekehrt die gröberen Polyesterfasern mit den feinen Flachsfasern. Je neun unterschiedliche Ausspinnungen wurden somit gleichsam parallel mit schwach und stark aufgeschlossenen Flachsfasern durchgeführt. Passagen, Maschinen, Doublagen, Verzüge und Liefergeschwindigkeiten sind zwischen den Verarbeitungen mit "grob" und "fein" aufgeteilten Flachsfasern nicht geändert, die Angaben auf den Spinn- und Maschinenplänen treffen für beide zu.

Die Unterschiede in der Aufteilung zwischen den "groben" und "feinen" Flachsfasern betragen in der mittleren Feinheit der Technischen Faser 45,8 dtex zu 30,6 dtex, in ihrer mittleren Länge 137 mm zu 122 mm. Die Auswirkungen auf die Laufeigenschaften kamen nicht sehr deutlich heraus, es war lediglich bei dem feinen Material ein stärkerer Faserflug zu beobachten. Im übrigen stellten sich in beiden Fällen, auch bei dem Mischungsverhältnis 50/50 keine nennenswerten Verarbeitungsschwierigkeiten ein. Die Garne unterscheiden sich etwas in ihrem Charakter, diejenigen mit dem groben Material wirken rustikaler, was besonders nach der Verarbeitung zu einem Gewebe deutlich wird. Hinsichtlich der weiteren technischen Eigenschaften sind die Unterschiede zwischen "grob" und "fein" bei den gleichen Mischungsverhältnissen nur gering, wie die Daten in den Tabellen aufweisen. Meist liegt der Usterwert des "feinen Vorgarns" geringfügig niedriger. Die Reißlänge des Garns liegt bei etwas niedrigen Feinheiten meist wenig besser, während die Reißdehnung unter den Werten der "groben Garne" bleibt. Somit bewirkt eine stärkere Aufteilung des Flachsanteils folgende Tendenzen:

Verbesserung der Gleichmäßigkeit
Zunahme der Reißfestigkeit
Abnahme der Reißdehnung.

In einer weiteren Versuchsreihe wurden auch auf Kammgarn-Systemen Flachskämmbänder eingesetzt, deren Fasern in der Flocke gebleicht und indanthrenecht eingefärbt waren. Diese Kämmbänder besitzen hervorragende Laufeigenschaften, so daß Mischgarne mit einer Garnfeinheit 250 dtex (Nm 40) ausgesponnen werden können. Das Einfärben der Fasern mit dem Zusatz von Natronlauge besorgt offenbar eine noch spinnfähigere Oberfläche als das Bleichen. Bei der Durchführung dieser Spinnversuche ergab sich noch zusätzlich die Gelegenheit, ein Mischgarn 280 dtex (Nm 36) aus 55 % DIOLEN-Conband, 25 % Wollkammzug und 20 % Leinenkammzug auszuspinnen. Auch hier sind Verspinnbarkeit und Garnausfall als einwandfrei zu bezeichnen. Mit solchen oder anderen Dreier-Kombinationen kann natürlich die Angebotspalette von Leinen-Mischgarnen noch mehr bereichert werden.

5.2.3. Drei-Zylinder-Spinnverfahren

Eine weitere Variante, aufgeschlossene und gebleichte Flachsfasern als Kammzug den Chemiefasern zuzumischen, bietet sich in der Drei-Zylinder-Spinnerei. Auch hier ist es nach entsprechend weiter Aufschließung der Flachsfasern möglich, den Leinen-Kammzug an der ersten Strecke des Spinnsystems zum Mischen vorzulegen, oder falls eine noch intensivere Durchmischung gewünscht wird, eine Mischstrecke dem System vorzuschalten. Bei sehr guten Laufverhältnissen konnten Mischgarne Polyester/Leinen 80/20 der Feinheit 250 dtex(Nm 40) ausgesponnen werden. Die Verarbeitungs- und Garndaten können wiederum der Tabellenanlage entnommen werden.

6. Weiterverarbeitung der Mischgarne

Obwohl die Weiterverarbeitung der Leinenmischgespinste zu textilen Flächenerzeugnissen eigentlich nicht unmittelbar das Thema der Verarbeitung von Flachsfasern in Mischung mit Chemiefasern betrifft, so soll doch kurz darauf eingegangen werden, da es natürlich von höchstem Interesse ist, wie die Mischgespinste sich weiterverarbeiten lassen. Von fast allen Versuchsgarnen wurden zumindest kleinere Probenmengen für die Herstellung von Geweben und Maschenwaren bei verschiedenen Gelegenheiten eingesetzt. Weitere Verwendungserprobungen werden noch im Zusammenhang mit anderen Forschungsaufgaben durchgeführt. Nach den bisherigen Erfahrungen ist die Verwendung von Chemiefaser/Leinen-Mischgarnen als Schußmaterial in der Weberei nahezu problemlos.

Dagegen können Schwierigkeiten auftreten bei der Verarbeitung von ungezwirnten Mischgarnen als Kette, sie hängen mit den Spinnbedingungen und dem Garncharakter zusammen und treten naturgemäß dort am ehesten auf, wo bisher keine Erfahrungen in der Leinenverarbeitung vorliegen. In der Regel lassen sich evtl. Schwierigkeiten durch entsprechende Gegenmaßnahmen beheben, ein gutes Schlichten ist besonders wichtig. Zwirne können auch ungeschlichtet als Kette ohne Fadenbrüche verarbeitet werden.

In der Strickerei sind bisher keine nennenswerten Störungen bei der Verarbeitung auf Flachstrickmaschinen aufgetreten, da diese Mischgarne infolge der gebleichten bzw. laugierten Flachsfasern wesentlich weicher und geschmeidiger sind und zudem eine wesentlich höhere Dehnung besitzen als naßgesponnene Mischgarne mit rohen Flachsfasern, die sich wegen ihrer Steifigkeit nicht immer verstricken ließen. Nach einer nachträglichen Laugenbehandlung sind auch die Rohflachs-Naßgespinste einwandfrei zu verstricken und die hergestellten Strickstücke haben einen weichen angenehmen Griff.

Die Laufeigenschaften in der Wirkerei wurden bei der Verarbeitung als Schuß auf der TURBOTEX (Firma W.Barfuss & Co., Mönchengladbach) beurteilt. Bei einer einheitlichen Arbeitsgeschwindigkeit von 500 Reihen/min = 825 m/min Schußeintragsleistung fiel das Urteil über 25 diverse Leinen-Mischgarne wie folgt aus: 17 x "gut", 1 x "mäßig bis gut", 2 x "mäßig", 2 x "mäßig bis schlecht", 1 x "schlecht", 2 x "sehr schlecht". Dabei ist zu berücksichtigen, daß insbesondere die schlechter beurteilten Garne vom Aussehen her den oft gewünschten "rustikalen Effekt" mitbringen, also mehr Unregelmäßigkeiten aufweisen. Mit einer reduzierten Eintragsleistung lassen sich auch diese "Effekt-Garne" zufriedenstellend verarbeiten, gleichwohl wird sich ein Kompromis zwischen einem gewünschten Effekt auf der einen Seite und einer zurückgesteckten Maschinenleistung auf der anderen Seite nicht immer vermeiden lassen. Insgesamt darf auch die bisherige Verarbeitung als Schußmaterial in der Wirkerei als sehr positiv angesehen werden.

7. Schlußbetrachtung

Im Vergleich zu der Mischverarbeitung von Chemiefasern mit Baumwolle oder Wolle ist eine gemeinsame Verspinnung mit Flachs bzw. Leinen recht jung. Nach den ersten Anfängen mit Zellwollbeimischungen im Kriege und späteren Mischverspinnungen mit Polyester in der klassischen Naßspinnerei öffnet sich mit der Idee auch andere Maschinensysteme einzuschalten, ein weites Feld neuer Verarbeitungs- und Einsatzmöglichkeiten für die Flachsfaser und evtl. weiterer Bastfaserarten. Die Textilindustrie erhält die Chance, eine neue, vielseitige Palette abwechslungsreicher Mischungen mit dem guten Image einer alten Naturfaser anzubieten. Von der Idee bis zur erfolgreichen Ausführung ist es meist ein weiter Weg und die Arbeit, über die hier berichtet wird, soll als ein Schritt auf diesem Wege verstanden werden. Sie hat die Aufgabe, Möglichkeiten aufzuzeigen, Erfahrungen zu sammeln, Ansatzpunkte für weitere Problemlösungen zu finden und Denkanstöße für die Fertigung zu liefern. Bei der Vielseitigkeit des Gebietes kann nicht allen Einflüssen nachgegangen werden, ebenso unmöglich ist es, alle Faserarten und Verarbeitungskombinationen zu berücksichtigen. So bleibt z.B. eine Mischung Triacetat/Leinen unerwähnt, ebenso wie das Bleichen des Flachses im Vorgarn, das zur Faserbleiche in der Flocke eine Alternative darstellt. Natürlich werden bei den vorhandenen und damit weitgehend vorgegebenen und meist für einen anderen Zweck vorgerichteten Maschinenkombinationen nicht auf Anhieb die optimalen Bedingungen erzielt und das ist somit auch bei der Betrachtung der Mischerzeugnisse zu beachten, daß nämlich in vielen Fällen Verbesserungen noch durchaus möglich sind.

Wenn in den Versuchsausspinnungen in der Hauptsache Polyesterfasern eingesetzt werden, so deshalb, um die Erfahrungen zunächst auf diese z.Zt. am vielseitigsten einsetzbare Chemiefaserart zu konzentrieren. Viele Erkenntnisse, die sich auf die Aufbereitung der Flachsfaser beziehen, werden sicherlich auch bei der Mischverarbeitung mit anderen Chemiefasern anwendbar sein. Inwieweit die mit Polyesterfasern gewonnenen Ergebnisse auf die übrigen Chemiefasern zutreffen, werden noch weitere Mischverspinnungen zeigen müssen, fest steht aufgrund der bisherigen Erfahrungen jedoch, daß die aufgezeigten Verarbeitungswege auch mit den anderen Fasern durchführbar sind.

Für die verschiedenen Feinheitsbereiche der Mischgarne haben sich folgende Faserfeinheiten (Polyester) bewährt:

Garnfeinheit	Faserfeinheit
bis 840 dtex (Nm 12)	6,7 dtex (6 den)
840 dtex (Nm 12) - 625 dtex (Nm 16)	4,4 dtex (4 den)
625 dtex (Nm 16) - 250 dtex (Nm 40)	3,3 dtex (3 den)

Die feineren Fasern können natürlich auch für gröbere Garne eingesetzt werden, umgekehrt ergeben sich Schwierigkeiten wegen der zu geringen Fadenanzahl im Querschnitt.

Da die Technischen Flachsfasern sich sehr unterschiedlich aufteilen, können für ihre Feinheiten keine exakten Zahlenangaben gemacht werden. Je feiner das Garn ausgesponnen werden soll, desto feiner sollte auch der Flachs aufgeschlossen werden. Als Anhalt für die mittlere Feinheit der Technischen Faser im Stadium der Zumischung kann eine Größenordnung von ca. 50 - 25dtex angegeben werden.

Die Faserlänge ist auf das jeweilige Spinnverfahren und seine Streckfeldweiten abzustimmen. Im Kammgarnsektor können die üblichen Polyester Kammzüge, Convertor- oder Reiß-Spinnbänder (bis ca. 150 mm) Verwendung finden. Für Flachs- bzw. Wergsysteme ist zu beachten, daß die Streckfeldweite der Naßspinnmaschine über 110 mm nicht hinausgeht, ja in den meisten Fällen noch darunter liegt. Die günstigste Faserlänge auf dem Halb-Kammgarn-Gebiet hängt weitgehend von der Krempel ab (ca. 75 - 85 mm) und schließlich liegen die verwendeten Faserlängen in der Drei-Zylinder-Spinnerei im Bereich 40 - 60 mm. Die Längen der Technischen Flachsfasern im Stadium des Zumischens liegen zweckmäßig noch über denen der Chemiefasern, da mit der Aufteilung der Faserbündel eine Einkürzung einhergeht.
Insbesondere auf den "Nicht-Flachs-Systemen" erweist sich eine aufgeschlossene und gebleichte Flachsfaser als spinnfähiger gegenüber der Rohfaser. Eine Alkalibehandlung der Faser oder ein Einfärben unter Zusatz von Natronlauge wirkt sich darüberhinaus noch positiver auf die Spinneigenschaften aus.

Die Entwicklung auf dem Gebiet der Chemiefaser/Leinen-Mischnng ist noch in Fluß, die bisherigen Erfahrungen, die echten Mischungsvorteile und vielartigen Verarbeitungs- und Einsatzmöglichkeiten lassen einen weiteren Auftrieb in der Mischverarbeitung erwarten. Sicherlich bedarf es noch mancher Entwicklungen und Problemlösungen, um die Herstellungsverfahren von marktgängigen Mischerzeugnissen noch besser, rationeller und kostengünstiger zu gestalten. Die Chancen hierfür werden nicht zuletzt aufgrund der bisherigen Arbeitsergebnisse als günstig beurteilt.

Dem Land Nordrhein-Westfalen sei für die finanzielle Förderung der Forschungsaufgabe gedankt, den Firmen Enka Glanzstoff AG, Wuppertal; Bayer AG, Leverkusen; Gg. Langheinrich, Schlitz/ Hessen; Horak GmbH, Freden/Leine; Leop. Krawinkel, Bergneustadt; NINO AG, Nordhorn; Ravensberger Spinnerei AG, Bielefeld; W. Barfuss & Co., Mönchengladbach; Wetzel & Co., Lübbecke/Westf.; Windel-Textilveredlung, Bielefeld, für die Zusammenarbeit.

8. Literatur

1 KRAUS, A.:
"Herstellung von Leinenmischgespinsten."Mitteilungen für die Bastfaserindustrie Dresden 1959, S. 126 und 171

2 WEGENER, W. und PEUKER, H.:
"Einfluß des Beimischens von Zellwolle zu Langflachs auf die Ungleichmäßigkeit der Garne und Gewebe"; Zeitschrift für die gesamte Textilindustrie 1960, S. 439-445, 481-483, 508-515.

3 WEGENER, W. und PEUKER, H.:
"Einfluß des Beimischens von Zellwolle zu Kurzflachs auf die Ungleichmäßigkeit der Garne und Gewebe"; Zeitschrift für die gesamte Textilindustrie 1960, S. 553-558, 596-603.

4 SCOTT, G.N.:
"Terylene-Polyesterfasern in der Leinenindustrie"; Linen Trade Circ. 1961, H. 18, S. 8

5 LÜNENSCHLOSS, J. und DÖRHOLT, W.W.:
"Die Mischung von Polyesterfasern mit Langflachs"; Textil-Praxis (1962) S. 4-9, 117-125, 320-325.

6 ALBRECHT, W.:
"Über die Konstruktion von textilen Flächengebilden"; Chemiefasern 1967, S. 348-356, S. 441-447

7 LAMBRINOU, I.:
"Bügelleichtes Leinen, Versuche zur Permanentausrüstung unter Berücksichtigung seiner speziellen Struktur und Eigenschaften"; Melliand-Textilberichte 1970, S. 815-820, 930-934

8 HANSEN, H.:
"Mischgarn aus DIOLEN/Leinen"; Zeitschrift für die gesamte Textilindustrie 1970, S. 769-772

9 LAMBRINOU, I.:
"Faserstruktur in Leinengarnen. Die Struktur degummierter Leinengarne aus Flachswerg"; Melliand-Textilberichte 1971, S. 1184-1194

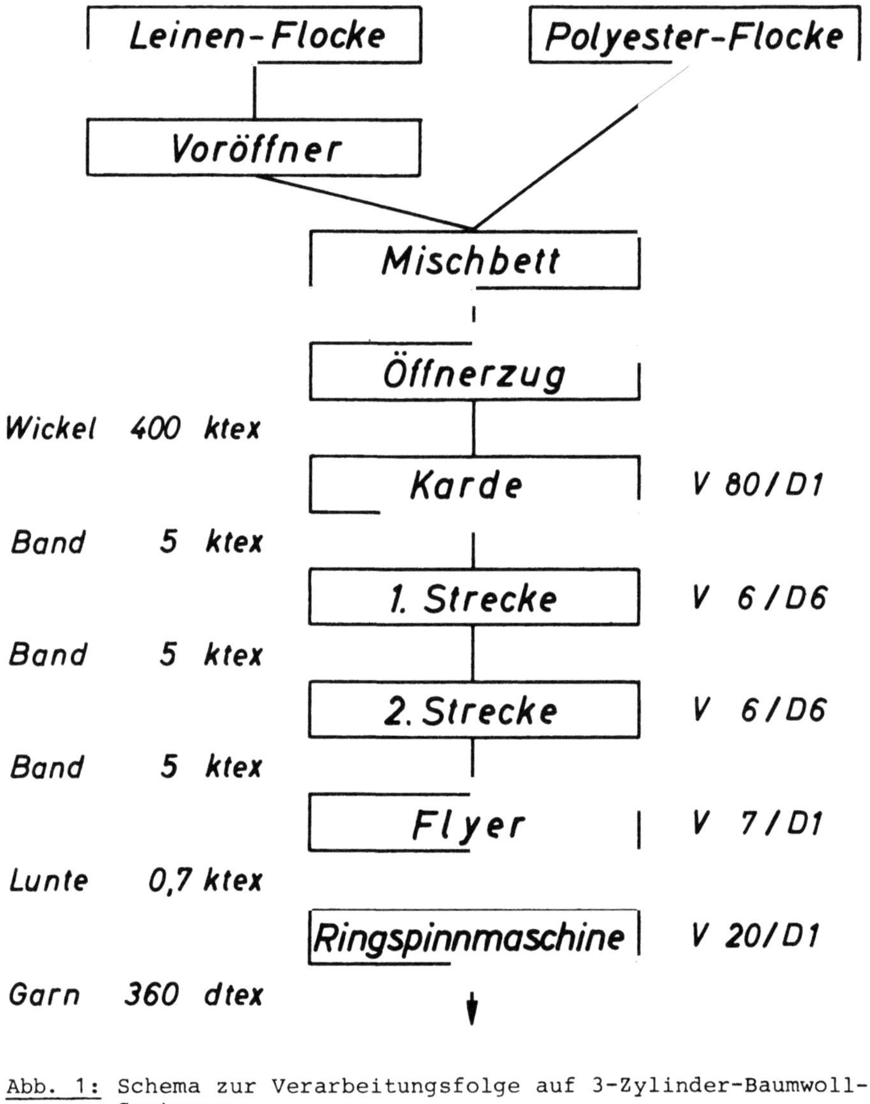

Abb. 1: Schema zur Verarbeitungsfolge auf 3-Zylinder-Baumwoll-Systemen

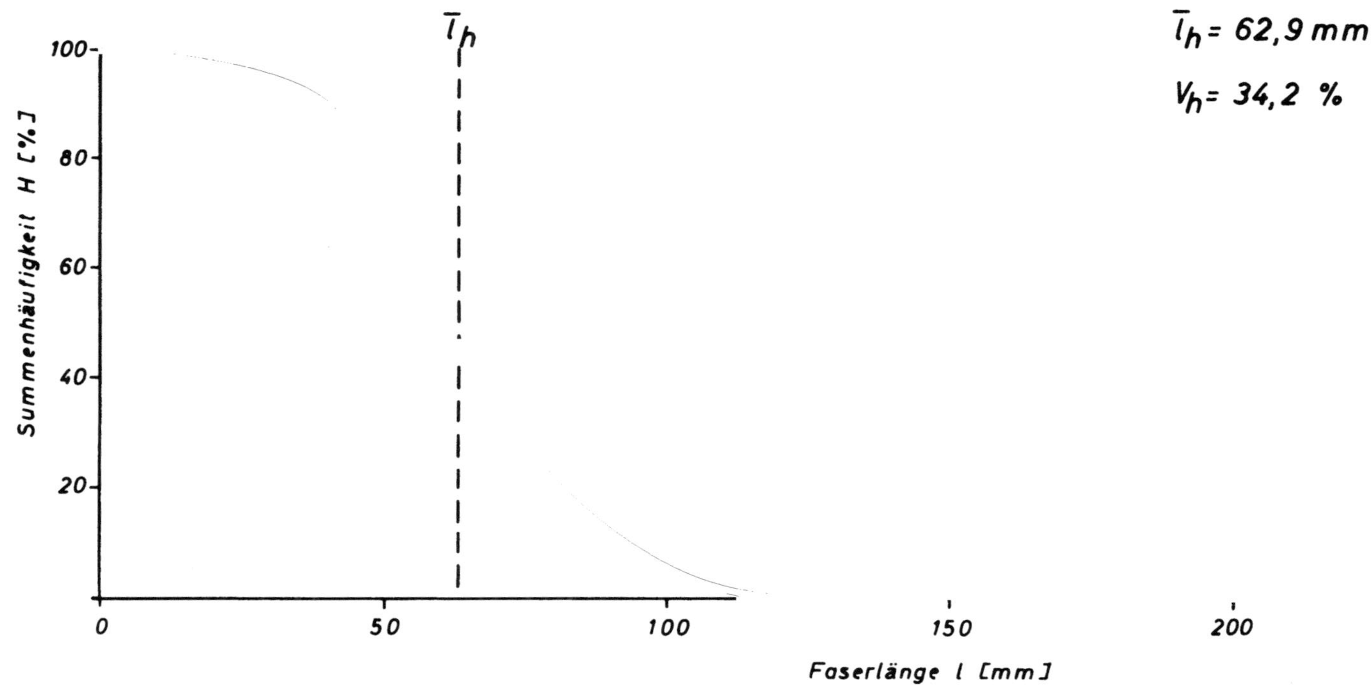

Abb. 2: Stapeldiagramm der gebleichten und gefärbten Faserflocke

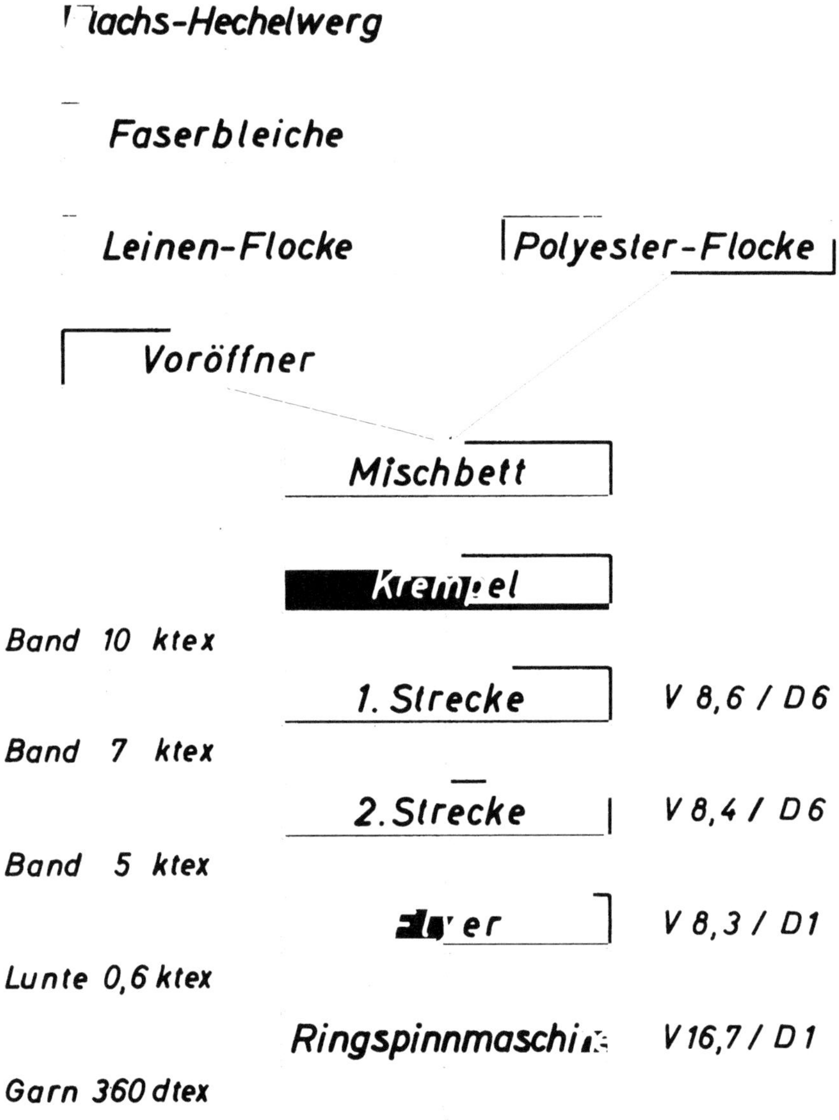

Abb. 3: Schema zur Verarbeitungsfolge auf Halb-Kammgarn-Systemen

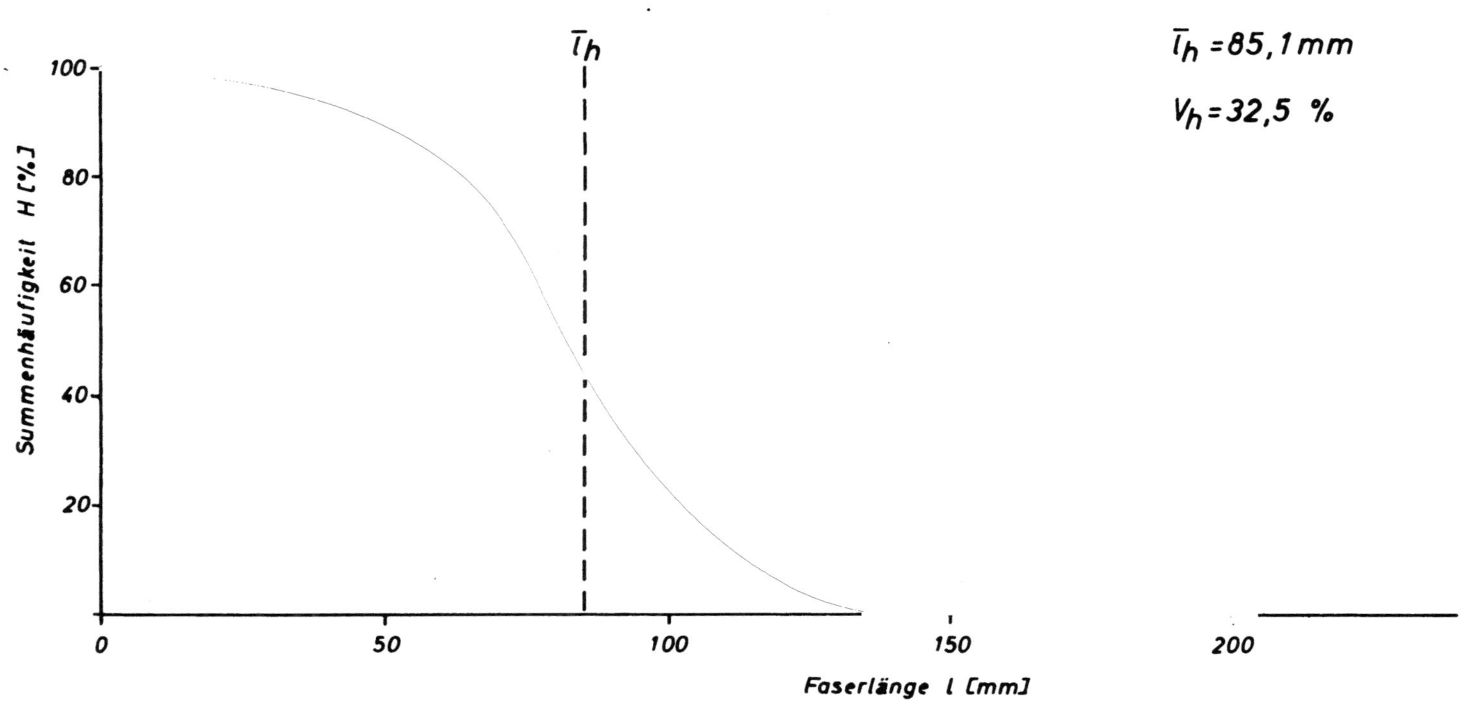

Abb. 4: Stapeldiagramm der gebleichten Faserflocke

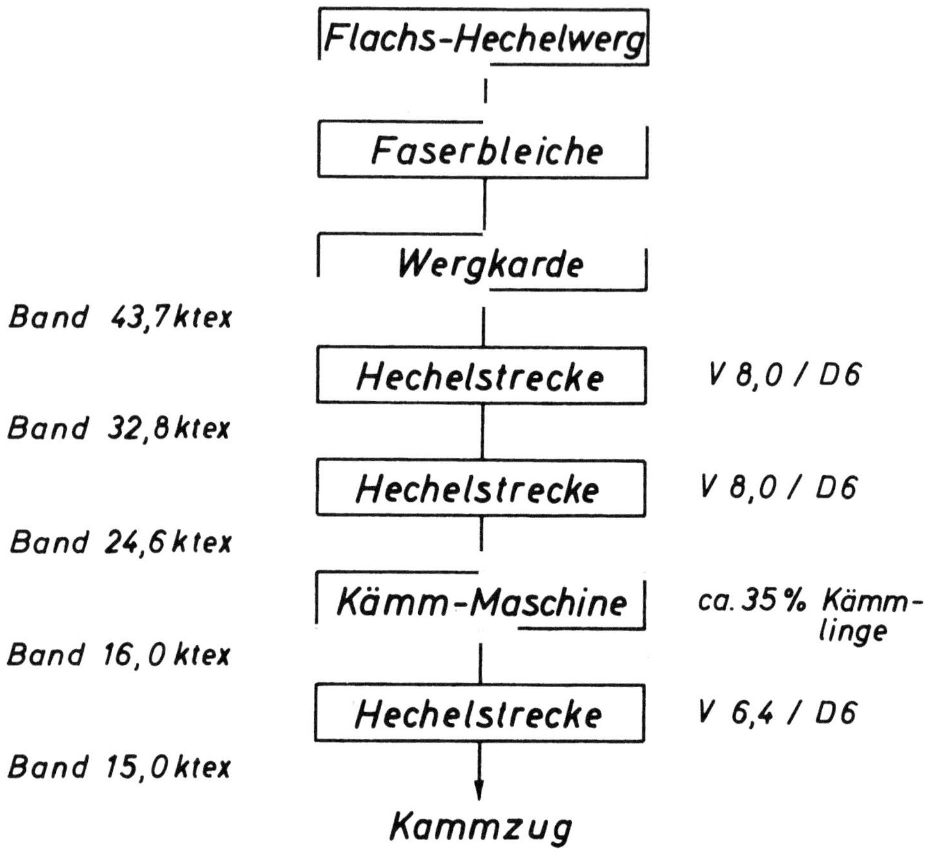

Abb. 5: Schema zur Verarbeitungsfolge Flachswerg-Kammzug

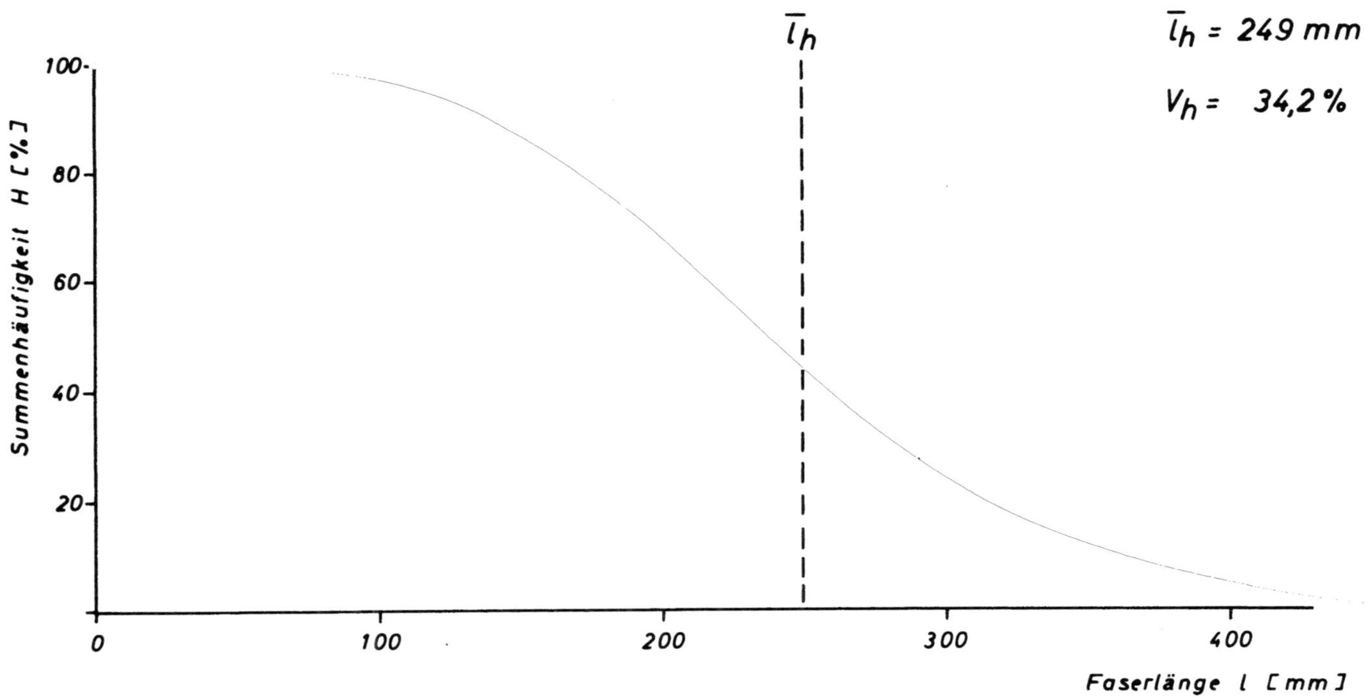

Abb. 6: Stapeldiagramm des Ausgangsmaterials

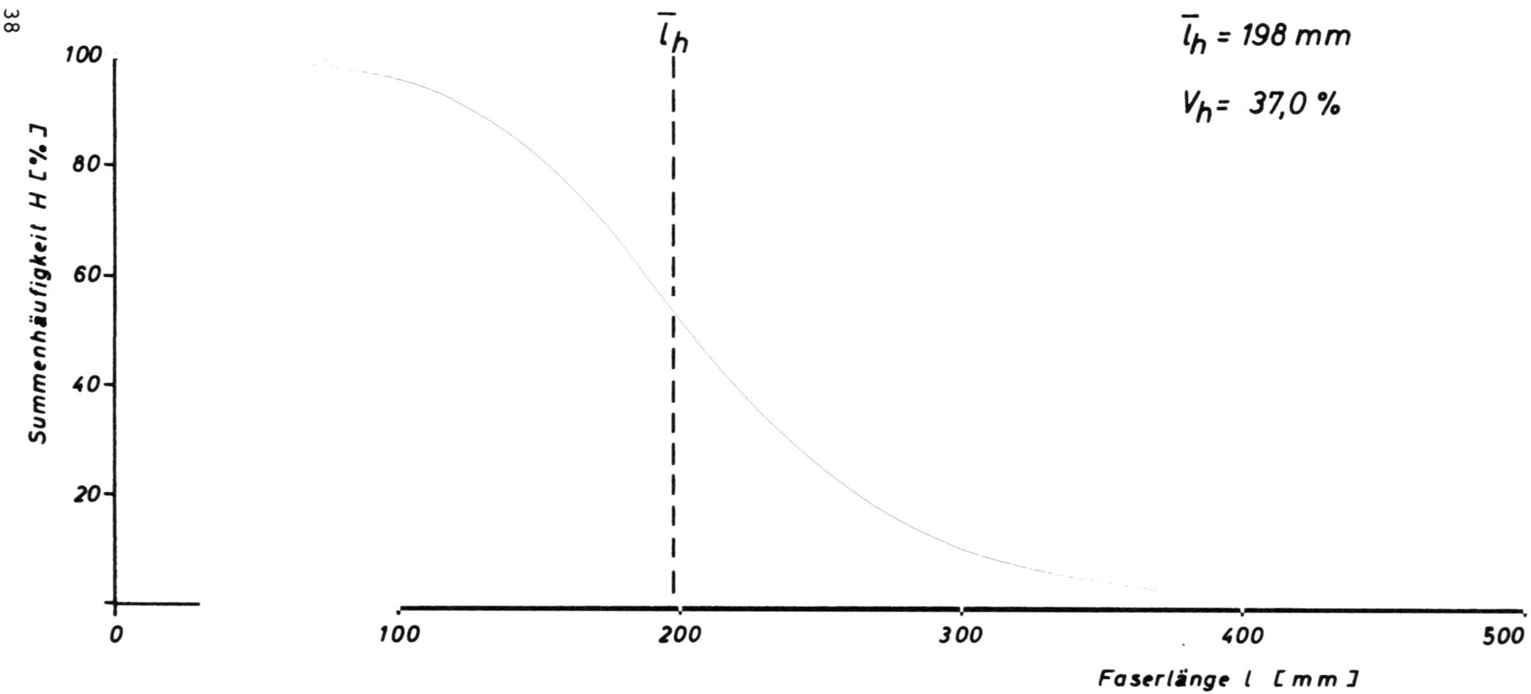

Abb. 7: Stapeldiagramm der gebleichten Faserflocke, Versuch A, grob

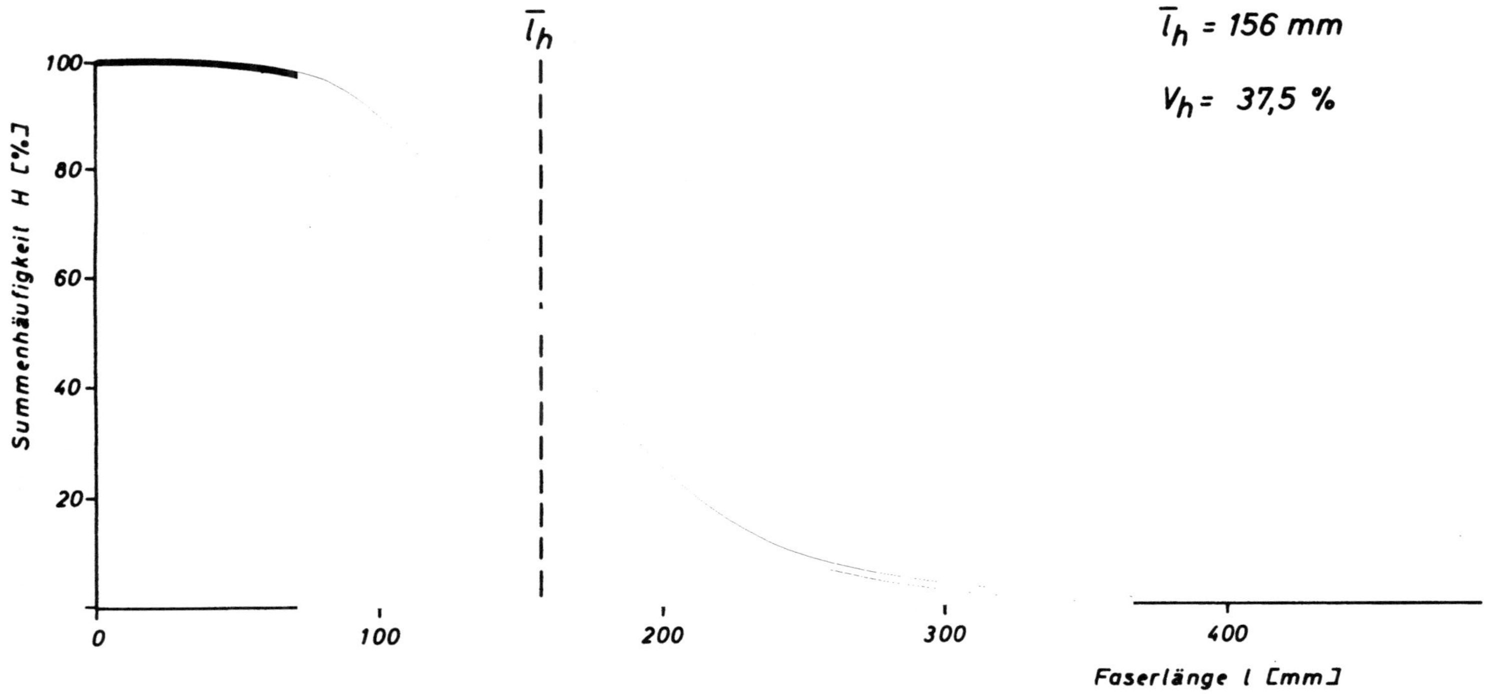

Abb. 8: Stapeldiagramm der gebleichten Faserflocke, Versuch B, fein

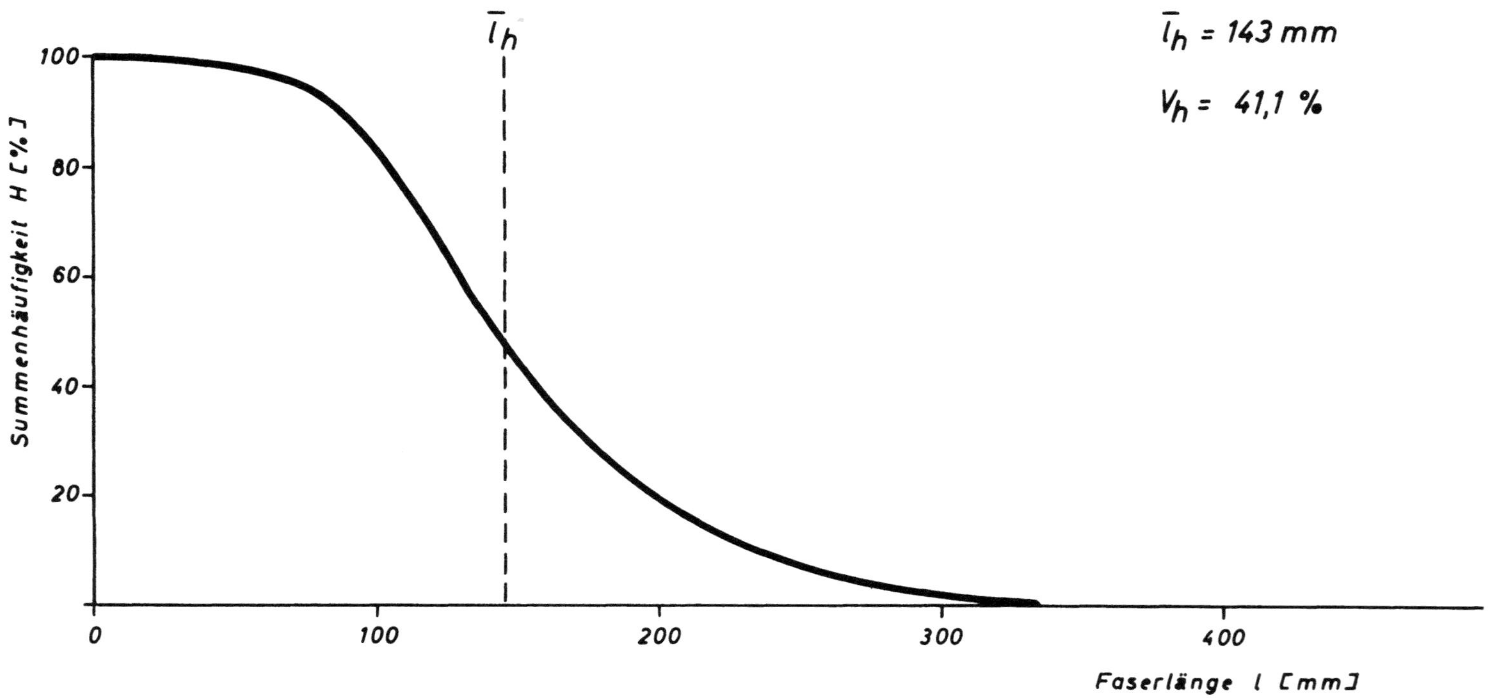

Abb. 9: Stapeldiagramm des Kardenbandes, Versuch B

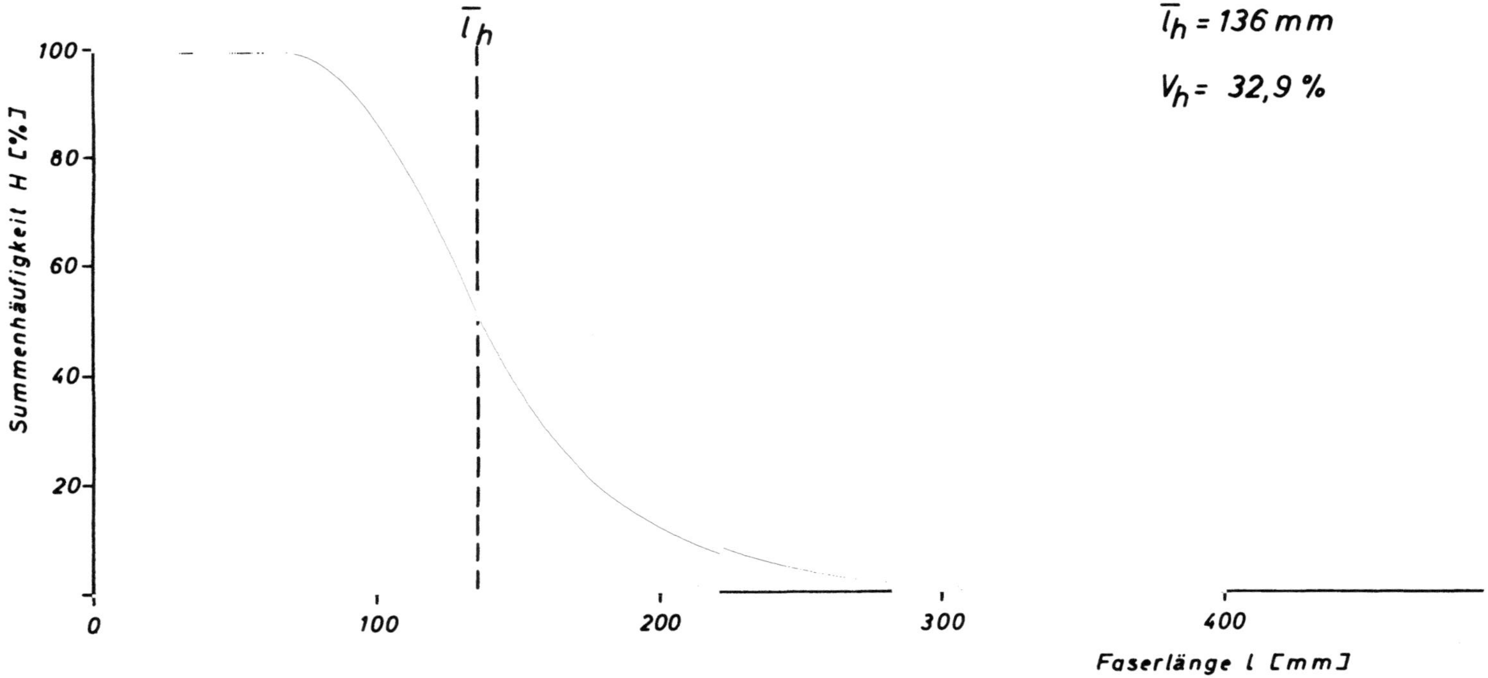

Abb. 10: Stapeldiagramm des Streckenbandes, Versuch B

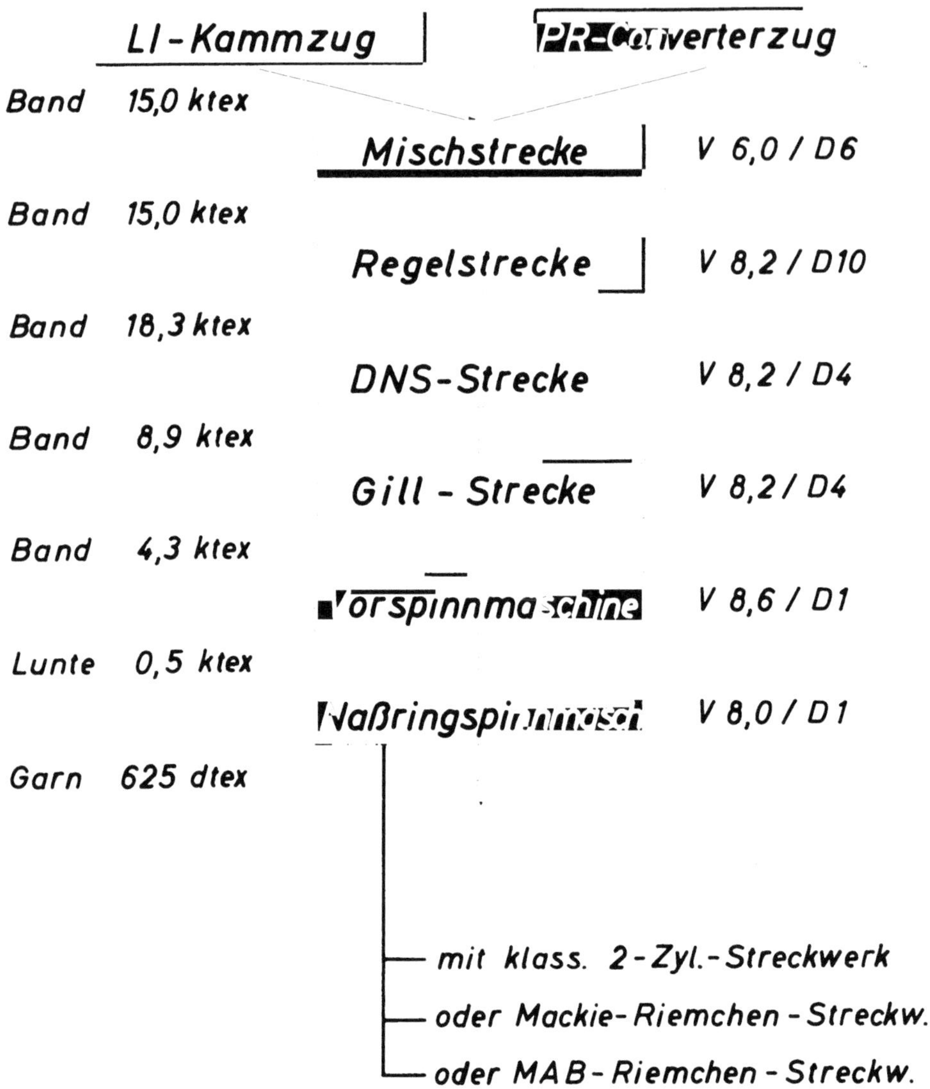

Abb. 11: Schema zur Verarbeitungsfolge auf Flachswerg-Systemen

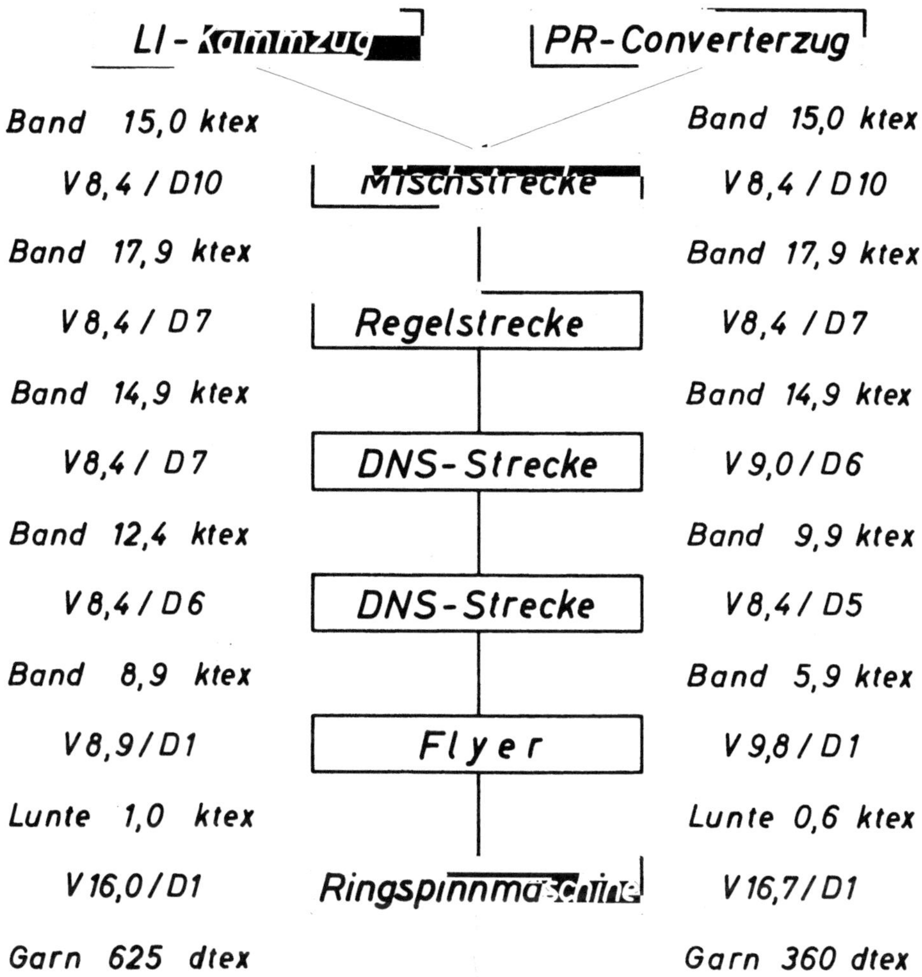

Abb. 12: Schema zur Verarbeitungsfolge auf Kammgarn-Systemen

Spinnversuch 5.1.1	Drei-Zylinder-Baumwoll-Verfahren		
Polyester	DIOLEN Type 21 Fgl Flocke, rohweiß 3,3 dtex / 60 mm		
Flachs	Hechelwerg, Flocke,gebleicht + gefärbt ca. 30 dtex /ca. 63 mm (Mittelwerte)		
Anteile in % Polyester/Flachs	80/20	65/35	50/50
Vorgarn Usterwert %	5,9	7,1	8,7
Garn Feinheit dtex	362	357	354
Garn Reißkraft p	731	578	513
Garn Reißlänge p/tex	20,2	16,2	14,5
Garn Reißdehnung %	19,8	17,4	16,0
Variationskoeff. der Reißkraft %	11,7	13,1	14,4
Verarbeitung gemäß Abb 1 Garndrehung α 90	Sollfeinheit: 360 dtex Lieferung: 19 m/min		

Spinnversuch 5.1.2	Halbkammgarn-Verfahren		
Polyester	DIOLEN Type 21 F gl.Flocke, rohweiß 3,3 dtex / 75 mm		
Flachs	Hechelwerg, Flocke,gebleicht + laugiert ca. 36 dtex/ca. 85 mm (Mittelwerte)		
Anteile in % Polyester/Flachs	80/20	65/35	50/50
Vorgarn Usterwert %	5,6	6,2	7,2
Garn Feinheit dtex	368	359	351
Garn Reißkraft p	732	625	530
Garn Reißlänge p/tex	19,9	17,4	15,1
Garn Reißdehnung %	19,0	16,9	15,6
Variationskoeff. der Reißkraft %	11,3	12,8	13,8
Verarbeitung gem. Abb. 3 Garndrehung α 85		Sollfeinheit 360 dtex Lieferung: 19 m/min	

Spinnversuch 5.2.1.a	Flachswerg - Naßverfahren		
Polyester	VESTAN 16 gl. Converterzug, weiß 3,3 dtex / 88 mm		
Flachs	Hechelwerg, Kammzug, gebleicht + laugiert ca. 40 dtex/ca. 140 mm (Mittelwerte)		
Anteile in % Polyester/Flachs	67/33	67/33	67/33
Streckwerk Ringspinnmaschine	Klassisch 2-Zylinder-	Mackie Riemchen-	MAB Riemchen-
Garn Feinheit dtex	602	615	592
Garn Reißkraft p	783	849	835
Garn Reißlänge p/tex	13,0	13,8	14,1
Garn Reißdehnung %	21,1	21,8	22,3
Variationskoeff. der Reißkraft %	14,0	13,2	12,6
Verarbeitung gemäß Abb. 11 Garndrehung α 100		Sollfeinheit: 625 dtex Lieferung: 15 m/min	

Spinnversuch 5.2.1. b	Flachswerg - Naßverfahren		
Polyester	VESTAN 16 gl.Converterzug, weiß 3,3 dtex / 88 mm		
Flachs	Hechelwerg,Kammzug,gebleicht + laugiert ca. 40 dtex/ ca. 140 mm (Mittelwerte)		
Anteile in % Polyester/Flachs	50/50	50/50	50/50
Streckwerk Ringspinnmaschine	klassisch 2-Zylinder	Mackie Riemchen-	MAB Riemchen-
Garn Feinheit dtex	641	634	619
Garn Reißkraft p	616	704	650
Garn Reißlänge p/tex	9,61	11,1	10,5
Garn Reißdehnung %	17,2	17,6	15,7
Variationskoeff. d.Reißkraft	14,9	14,3	13,5
Verarbeitung gemäß Abb. 11 Garndrehung α 100	Sollfeinheit: 625 dtex Lieferung: 15 m/min		

Spinnversuch 5.2.1. c	Flachswerg - Naßverfahren		
Polyester	VESTAN 21 gl.Converterzug, weiß 3,3 dtex / 88 mm		
Flachs	Hechelwerg,Kammzug,gebleicht + laugiert ca. 40 dtex/ ca. 140 mm (Mittelwerte)		
Anteile in % Polyester/Flachs	67/33	67/33	67/33
Streckwerk Ringspinnmaschine	klassisch 2-Zylinder-	Mackie Riemchen-	MAB Riemchen-
Garn Feinheit dtex	657	649	635
Garn Reißkraft p	1419	1454	1467
Garn Reißlänge p/tex	21,6	22,4	23,1
Garn Reißdehnung %	22,6	24,5	24,8
Variationskoeff. d.Reißkraft %	13,8	12,6	12,2
Verarbeitung gemäß Abb. 11 Garndrehung α 100		Sollfeinheit: 625 dtex Lieferung: 15/m/min	

Spinnversuch 5.2.1. d	Flachswerg - Naßverfahren		
Polyester	VESTAN 21 gl. Converterzug, weiß 3,3 dtex / 88 mm		
Flachs	Hechelwerg, Kammzug, gebleicht + laugiert ca. 40 dtex/ ca. 140 mm (Mittelwerte)		
Anteile in % Polyester/Flachs	50/50	50/50	50/50
Streckwerk Ringspinnmaschine	klassisch 2-Zylinder-	Mackie Riemchen-	MAB Riemchen-
Garn Feinheit dtex	654	660	644
Garn Reißkraft p	1210	1267	1269
Garn Reißlänge p/tex	18,5	19,2	19,7
Garn Reißdehnung %	22,8	23,3	23,2
Variationskoeff. d. Reißkraft %	13,0	12,0	12,6
Verarbeitung gemäß Abb. 11 Garndrehung α 100		Sollfeinheit: 625 dtex Lieferung: 15 m/min	

Spinnversuch 5.2.2. a	Kammgarn-Verfahren		
Polyester	DIOLEN FL gl., Converterzug, weiß 4,4 dtex / 84 mm		
Flachs	Hechelwerg, Kammzug, gebleicht, grob ca. 46 dtex / ca. 137 mm (Mittelw.)		
Anteile in % Polyester/Flachs	80/20	65/35	50/50
Vorgarn Usterwert %	5,0	5,4	7,0
Garn Feinheit dtex	671	624	631
Garn Reißkraft p	1416	1034	749
Garn Reißlänge p/tex	21,1	16,6	11,9
Garn Reißdehnung %	23,0	21,3	19,9
Variationskoeff. der Reißkraft %	10,8	11,8	13,1
Verarbeitung gemäß Abb. 12 Garndrehung α 95	Sollfeinheit: 630 dtex Lieferung 15 m/min.		

Spinnversuch 5.2.2. b	Kammgarn-Verfahren		
Polyester	DIOLEN FL gl. Converterzug, weiß 4,4 dtex/ 84 mm		
Flachs	Hechelwerg, Kammzug, gebleicht, fein ca. 30 dtex/ca. 122 mm (Mittelw.)		
Anteile in % Polyester/Flachs	80/20	65/35	50/50
Vorgarn Usterwert %	5,1	5,2	6,5
Garn Feinheit dtex	648	635	622
Garn Reißkraft p	1374	1124	802
Garn Reißlänge p/tex	21,2	17,7	12,9
Garn Reißdehnung %	21,8	20,0	17,9
Variationskoeffiz. der Reißkraft %	11,0	11,6	12,3
Verarbeitung gemäß Abb. 12 Garndrehung α 95		Sollfeinheit 625 dtex Lieferung 15 m/min	

Spinnversuch 5.2.2. c	Kammgarn-Verfahren		
Polyester	DIOLEN FL gl., Converterzug, weiß 3,3 dtex/76 mm		
Flachs	Hechelwerg, Kammzug, gebleicht, grob ca. 46 dtex/ca. 137 mm (Mittelw.)		
Anteile in % Polyester/Flachs	80/20	65/35	50/50
Vorgarn Usterwert %	5,7	6,5	8,5
Garn Feinheit dtex	364	372	357
Garn Reißkraft p	648	636	539
Garn Reißlänge p/tex	17,8	17,1	15,1
Garn Reißdehnung %	20,0	19,4	16,7
Variationskoeff. der Reißkraft %	12,1	12,5	14,0
Verarbeitung gemäß Abb. 12 Garndrehung α 94		Sollfeinheit: 360 dtex Lieferung 14 m/min	

Spinnversuch 5.2.2. d	Kammgarn-Verfahren		
Polyester	DIOLEN FL gl., Converterzug, weiß 3,3 dtex/76 mm		
Flachs	Hechelwerg, Kammzug, gebleicht, fein ca. 130 dtex/ ca. 122 mm (Mittelw.)		
Anteile in % Polyester/Flachs	80/20	65/35	50/50
Vorgarn Usterwert %	5,5	6,5	8,2
Garn Feinheit dtex	374	351	362
Garn Reißkraft p	688	632	590
Garn Reißlänge p/tex	18,4	18,0	16,3
Garn Reißdehnung %	20,4	18,3	15,9
Variationskoeff. der Reißkraft %	11,7	12,3	13,5

Verarbeitung gemäß Abb. 12 Sollfeinheit: 360 dtex
Garndrehung α 94 Lieferung 14 m/min.

Spinnversuch 5.2.2. e	Kammgarn-Verfahren		
Polyester	DIOLEN FL gl., Converterzug, weiß 3,3 dtex/76 mm		
Flachs	Hechelwerg, Kammzug, gebleicht, grob ca. 46 dtex/ca. 137 mm (Mittelwerte)		
Anteile in % Polyester/Flachs	80/20	65/35	50/50
Vorgarn Usterwert %	5,7	6,5	8,5
Garn Feinheit dtex	311	321	317
Garn Reißkraft p	547	523	434
Garn Reißlänge p/tex	17,6	16,3	13,7
Garn Reißdehnung %	19,5	18,1	15,2
Variationskoeffiz. der Reißkraft %	12,7	13,0	14,8
Verarbeitung analog Abb. 12 Garndrehung α 94		Sollfeinheit: 315 dtex Lieferung: 13 m/min	

Spinnversuch 5.2.2. f	Kammgarn-Verfahren		
Polyester	DIOLEN FL gl., Converterzug, weiß 3,3 dtex/76 mm		
Flachs	Hechelwerg, Kammzug, gebleicht, fein ca. 30 dtex/ca. 122 mm (Mittelwerte)		
Anteile in % Polyester/Flachs	80/20	65/35	50/50
Vorgarn Usterwert %	5,5	6,5	8,2
Garn Feinheit dtex	319	310	314
Garn Reißkraft p	581	524	452
Garn Reißlänge p/tex	18,2	16,9	14,4
Garn Reißdehnung %	20,6	18,3	15,4
Variationskoeffzt. der Reißkraft %	12,3	12,8	14,3
Verarbeitung analog Abb. 12 Garndrehung α 94		Sollfeinheit: 315 dtex Lieferung 13 m/min.	

Spinnversuch 5.2.3.	Drei-Zylinder-Spinnverfahren	
Polyester	DIOLEN FL gl. Converterzug, weiß 3,3 dtex/60 mm	
Flachs	Hechelwerg, Kammzug, gebleicht+gefärbt ca. 30 dtex/ca. 70 mm (Mittelwerte)	
Anteil in % Polyester/Flachs	80/20	Verarbeitungsfolge Vorlage Verzug/Dubl.
Vorgarn Usterwert %	6,2	Mischstrecke 12,0 ktex 8,0 / 6
Garn Feinheit dtex	244	1. Strecke 9,0 ktex 8,0 / 6
Garn Reißkraft p	276	2. Strecke 4,2 ktex 8,6 / 4
Garn Reißlänge p/tex	11,3	Flyer 0,5 ktex 8,4 / 1
Garn Reißdehnung %	11,8	Ringspinnmaschine 250 dtex 20 / 1
Variationskoeffzt. der Reißkraft %	15,5	

Verarbeitung analog Abb. 1	Sollfeinheit 250 tex
Garndrehung α 95	Lieferung 17 m/min

Forschungsberichte des Landes Nordrhein-Westfalen

Herausgegeben im Auftrage des Ministerpräsidenten Heinz Kühn
vom Minister für Wissenschaft und Forschung Johannes Rau

Sachgruppenverzeichnis

Acetylen · Schweißtechnik
Acetylene · Welding gracitice
Acétylène · Technique du soudage
Acetileno · Técnica de la soldadura
Ацетилен и техника сварки

Arbeitswissenschaft
Labor science
Science du travail
Trabajo científico
Вопросы трудового процесса

Bau · Steine · Erden
Constructure · Construction material · Soilresearch
Construction · Matériaux de construction · Recherche souterraine
La construcción · Materiales de construcción · Reconocimiento del suelo
Строительство и строительные материалы

Bergbau
Mining
Exploitation des mines
Mineria
Горное дело

Biologie
Biology
Biologie
Biologia
Биология

Chemie
Chemistry
Chimie
Quimica
Химия

Druck · Farbe · Papier Photographie
Printing · Color · Paper · Photography
Imprimerie · Couleur · Papier · Photographie
Artes gráficas · Color · Papel · Fotografía
Типография · Краски · Бумага · Фотография

Eisenverarbeitende Industrie
Metal working industry
Industrie du fer
Industria del hierro
Металлообработывающая промышленность

Elektrotechnik · Optik
Electrotechnology · Optics
Electrotechnique · Optique
Electrotécnica · Optica
Электротехника и оптика

Energiewirtschaft
Power economy
Energie
Energia
Энергетическое хозяйство

Fahrzeugbau · Gasmotoren
Vehicle construction · Engines
Construction de véhicules · Moteurs
Construcción de vehículos · Motores
Производство транспортных средств

Fertigung
Fabrication
Fabrication
Fabricación
Производство

Funktechnik · Astronomie
Radio engineering · Astronomy
Radiotechnique · Astronomie
Radiotécnica · Astronomía
Радиотехника и астрономия

GPSR Compliance

The European Union's (EU) General Product Safety Regulation (GPSR) is a set of rules that requires consumer products to be safe and our obligations to ensure this.

If you have any concerns about our products, you can contact us on ProductSafety@springernature.com

In case Publisher is established outside the EU, the EU authorized representative is:

Springer Nature Customer Service Center GmbH
Europaplatz 3
69115 Heidelberg, Germany

Batch number: 10584556

Printed by Printforce, the Netherlands